身边的科学

家居用品的学问

丁晗 刘鹤◎编著　王远洋◎绘

日用品商店

吉林科学技术出版社

图书在版编目（CIP）数据

家居用品的学问 / 丁晗，刘鹤编著；王远洋绘 . --
长春：吉林科学技术出版社，2021.12
（身边的科学）
ISBN 978-7-5578-8432-1

Ⅰ . ①家… Ⅱ . ①丁… ②刘… ③王… Ⅲ . ①日用品
一少儿读物 Ⅳ . ① TS976.8-49

中国版本图书馆 CIP 数据核字 (2021) 第 153722 号

身边的科学：家居用品的学问
SHENBIAN DE KEXUE:JIAJU YONGPIN DE XUEWEN

编　著	丁　晗　刘　鹤
绘　者	王远洋
出版人	宛　霞
责任编辑	吕东伦　石　焱
书籍装帧	吉林省禹尧科技有限公司
封面设计	吉林省禹尧科技有限公司
幅面尺寸	167 mm×235 mm
开　本	16
字　数	130 千字
页　数	128
印　张	8
印　数	1-7000 册
版　次	2021 年 12 月第 1 版
印　次	2021 年 12 月第 1 次印刷

出　版	吉林科学技术出版社
发　行	吉林科学技术出版社
地　址	长春净月高新区福祉大路 5788 号出版大厦 A 座
邮　编	130118
发行部电话 / 传真	0431-81629529　81629530　81629531
	81629532　81629533　81629534
储运部电话	0431-86059116
编辑部电话	0431-81629380
印　刷	长春百花彩印有限公司

书　号	ISBN 978-7-5578-8432-1
定　价	29.80 元

主要人物介绍：

奇奇是某科学小学的学生，热爱科学，善于思考。

L博士是某科学实验室的科研人员。她热爱科学，喜欢孩子。

这本书主要包括三部分内容：

第一部分
家居用品的制作流程。介绍家居用品的基本制作过程和重要环节。

第二部分
知识小贴士。提示小读者制作过程中需要掌握的技巧或其中包含的科学知识。

第三部分
附录。如果在正文当中碰到了不太懂的专有名词可以到附录中学习。

简介
每个孩子的心里都生有一份好奇。他们会问各种各样的问题，大到宇宙爆炸，小到微生物繁殖，这正体现出孩子们对科学知识的渴求。因此，我们尝试改变人们对科普图书深奥、刻板的印象，从身边的食物和物品入手，以图文并茂的形式呈现最轻松、有趣的科普知识。

目 录

驱散黑暗——电灯泡的制作

奇奇正在写作业，突然，四周变得一片漆黑。难道是停电了吗？不对呀，客厅的灯亮着呢。原来，奇奇房间的电灯泡坏了。你知道电灯泡是如何制作的吗？快来看看吧！

原料：玻璃、钨丝等。

灯泡的制作包括两部分：灯罩和灯芯。首先，我们来看看灯罩的制作过程。

灯罩的制作

1. 初坯

将玻璃原料放入拉丝机器中，制作出椭圆形的透明玻璃罩，这就是初坯。

2.冷却

将初坯放入
清水中冷却。

3.烘干

将初坯放入烘
干机中烘干。

1. 灯芯

灯芯的制作

灯芯中的主体部分也是玻璃，也由拉丝机制作而成。

2. 冷却

将灯芯放入清水中冷却。

3. 烘干

将灯芯放入烘干机中烘干。

4. 安装钨丝

　　对灯芯顶端进行加热处理，待其软化时，将钨导丝用扣丝装置安装于灯芯顶端。

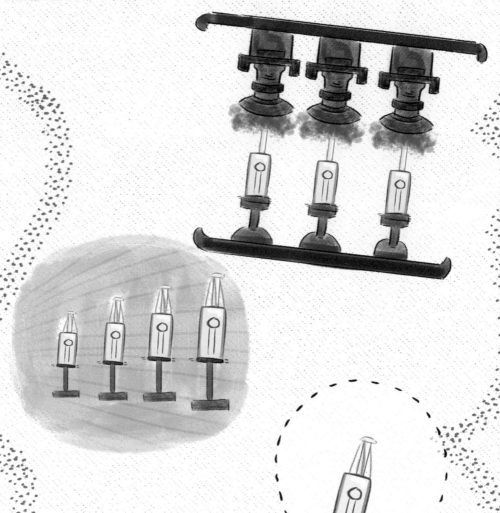

5. 加热

　　加热器对灯芯下方加热。吹气装置从灯芯底部向上吹，将加热处的玻璃管吹成一个通风口。

6. 接导丝

自动扣丝装置将安置于灯芯顶端的三根钨导丝分别连接到一个环形的导丝上。此时，钨导丝连接成一个整体。

灯泡的组装

1. 安装

封口机的自动夹持器将灯壳颈部套置在底部的玻璃管喇叭口上，使玻璃管的喇叭口卡住灯壳的颈部；加热器将灯壳底部与玻璃管接合成灯泡。

2. 修剪

除去灯壳外部多余的初坯。

3. 抽真空

利用抽气装置将灯泡内的空气抽出，使内部形成真空，再经由加热器将多余的灯芯部分熔断。

4. 折丝

利用自动折脚器，将延伸出玻璃管底部的两个导电丝，分别由两侧往上折起，即可完成灯泡的制作。

包装

5. 包装

在包装之前，检测员会按照国家标准对灯泡进行抽检。合格的灯泡被包上防止破损的包装，就可以运送到建材商店或超市售卖啦！

你知道吗？

说到灯泡，大家首先想到的是科学家爱迪生。事实上，爱迪生并不是灯泡的发明者，而是改进者。美国人亨利·戈培尔早在爱迪生改进灯泡的二十多年前，就发明了灯泡，只是当时没有申请专利。

电灯泡的发光原理是利用电阻把细丝线加热，使其发出白炽的亮光。其缺陷是细丝会一点点升华而烧断。1854年，亨利·戈培尔将一根炭化的竹丝放在真空的玻璃瓶中通电发光，最长可持续发亮400小时。而爱迪生升级了材料，使灯泡发亮的时间持续1000小时以上，降低了灯泡的成本，使白炽灯照亮千家万户。

居家常备——蚊香的制作方法

一天早上，奇奇起床后觉得胳膊上很痒，原来胳膊上被蚊子咬了六七个又红又肿的大包。他赶紧跑到客厅去，在药箱中翻找可以止痒的药。妈妈听到动静，过来询问情况。妈妈很纳闷儿，奇奇的卧室一直点着蚊香，怎么还会被蚊子咬呢？过去一看，原来蚊香早就燃烧没了。没有了蚊香的保护，奇奇的血就成了蚊子的食物。

你知道保护奇奇的蚊香怎么做出来的吗？

原料：柏木、黏合剂、菊酯类化学物质等。

1. 备料

使用研磨机将柏木研磨成粉末备用。

2. 搅拌

将柏木粉末和黏合剂按照一定的比例倒入搅拌机中，使它们均匀地混合在一起。

3. 二次搅拌

将菊酯类化学物质倒入搅拌机中，再次搅拌均匀。

4. 挤压

搅拌好的料倒入挤压机中，挤压成厚度约 4 毫米的薄片。

5. 成型

使用冲压机在薄片上压出线圈的形状。

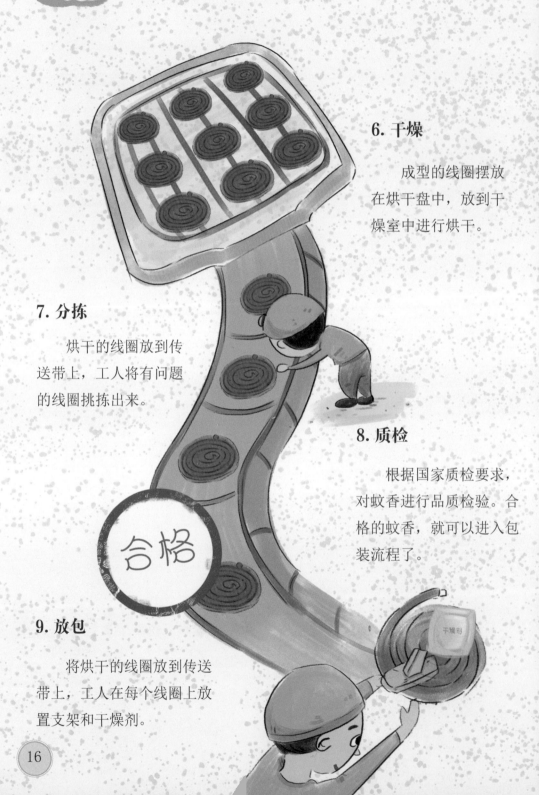

6. 干燥

成型的线圈摆放在烘干盘中，放到干燥室中进行烘干。

7. 分拣

烘干的线圈放到传送带上，工人将有问题的线圈挑拣出来。

8. 质检

根据国家质检要求，对蚊香进行品质检验。合格的蚊香，就可以进入包装流程了。

9. 放包

将烘干的线圈放到传送带上，工人在每个线圈上放置支架和干燥剂。

合格

干燥剂

10. 包装

自动包装机在蚊香的外层套上隔绝气味的塑料包装。

11. 装盒

蚊香片被整齐地装入盒中，运送到各大超市中出售。

你知道吗?

我国燃烧药物驱赶蚊子的历史由来已久，这或许与我国古代的端午节熏艾习俗和焚香祭祀有关。一个偶然的机会，日本人上山英一郎从美国朋友那里获得了除虫菊的种子，以此研发了蚊香。

如今，蚊香的品种很多，如盘式蚊香、片型电蚊香、液体电蚊香等。但无论哪种形式的蚊香，灭蚊的有效成分都是化学物质。

灭蚊的化学成分主要有以下三类：

有机磷类如敌百虫、毒死蜱、害虫敌，氨基甲酸酯类如残杀威、混灭威，菊酯类如氯氟醚菊酯、氯氰菊酯、丙炔菊酯、丙烯菊酯等，其中，有机磷类的毒性最大，菊酯类的毒性最小。因此，我们在选购时，要详读配方中的成分，购买微毒的蚊香较好。

使用蚊香时，要注意以下三点：

1. 蚊香最好在睡前半小时使用，关闭门窗，所有人离开房间。
2. 如整夜使用蚊香，则应放在窗口、门口等空气流通的位置。
3. 避免将点燃的蚊香放在头部附近，以减少烟雾的吸入。

清洁牙齿——牙刷是怎么生产出来的

终于迎来了"十一"长假，奇奇期待已久的长途旅行要开始啦！奇奇和爸爸、妈妈一起整理行囊。这次旅行，奇奇独自制订了出游计划和物品整理清单。妈妈看着清单，惊喜地说："奇奇，你想得真周到！"上次制订物品清单时，奇奇忘了写上牙刷。虽然酒店也有牙刷，但他总觉得没有自己的牙刷用起来舒适。牙刷是我们日常使用频率很高的家居用品，你知道它是怎么做出来的吗？快仔细往下看吧！

随着科学的进步，除了传统的手动牙刷外，还出现了电动牙刷。下文要介绍的是手动牙刷的一般做法。

原料：聚苯乙烯、尼龙丝。

1. 设计

设计师设计出牙刷柄和牙刷头的图纸，工人按照图纸进行模具的制作。

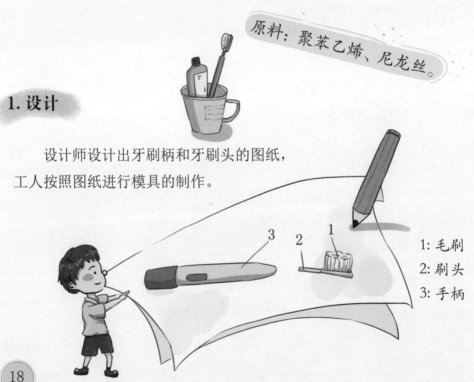

1: 毛刷
2: 刷头
3: 手柄

2. 注塑

注塑机的螺杆将聚苯乙烯塑料搅拌均匀，高压注入模腔。冷却凝固后，一排排整齐的牙刷杆就制作出来了。

Tips：注塑的优点是生产速度快、效率高、自动化强、产品尺寸精准，适合大规模产品生产。注塑机的内部工艺程序有合模、射胶、保压、冷却、开模等环节。

3. 植毛

使用植毛机将尼龙丝安装到牙刷头上。

4. 打磨

使用打磨机将毛刷打磨得光滑圆润，防止刷牙时尖锐的毛刷伤害牙龈。

5. 检测

使用拉力检测机对毛刷的拉力进行检测，合格的产品就可以进入包装流程了。

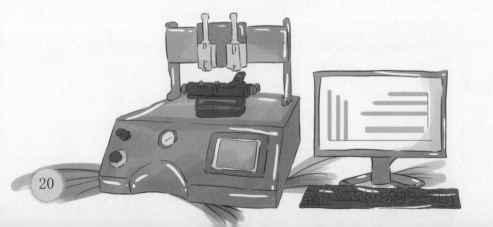

6. 包装

包装机将牙刷装入包装盒内，就可以开始销售了。

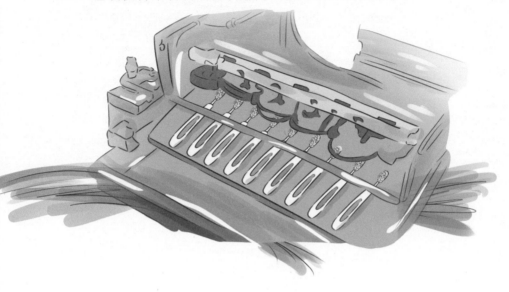

你知道吗？

牙刷是清洁牙齿的专用刷子，由毛刷、刷头和手柄三部分组成，与牙膏配合使用。

资料表示，我国明代就出现了类似于牙刷的牙齿清洁工具。当时，明孝宗为了清洁牙齿，将短硬的猪鬃毛插进一支骨制手把上，制成了人类历史上的第一把牙刷。

西方传统的清洁牙齿的方法是用一块碎布揉刷牙齿，直到 17 世纪人们才开始使用牙刷。

1938 年，杜邦化工推出了一款以合成纤维代替动物鬃毛的牙刷，与我们今天使用的普通牙刷类似。

我们在超市会看到各种各样的牙刷，牙刷可根据刷头和手柄等部分进行分类，不同年龄应使用不同的牙刷。

病毒盾牌——医用口罩的制作

2020年初，举国上下全力以赴抗击新型冠状病毒肺炎。那时候，口罩、酒精等防病毒、抗病毒的医用物资一度十分紧张。作为一名小学生，奇奇懂得一些基本的防护知识，所以每天忍着出去找同学玩的念头，陪爸爸、妈妈待在家里。爸爸每隔几天就出去买点蔬菜、水果，每次出门都要佩戴一个口罩。能够将病毒阻挡在身体之外的口罩，是怎么制作出来的呢？一起看看吧！

原料：PP无纺布、熔喷布等。

一次性医用口罩的制作可分为三个主要部分：罩体、鼻梁条、耳带。

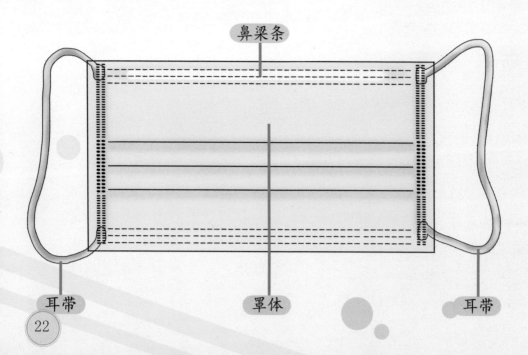

1. 打片

将 PP 无纺布和熔喷布等原材料悬挂于口罩打片机的料架上，口罩打片机将三层布料压合到一起。

Tips：机器可生产出来 1 ~ 4 层的口罩，一般的医用口罩是 3 层。

2. 折叠和压边

机器将布料的中间部分折叠出 3 个褶，同时将口罩的四周包边。

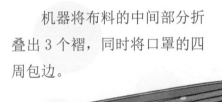

3. 鼻梁条

机器折叠褶皱时，在罩体的上部置入鼻梁条，一同包入到口罩中，口罩片就做好了。

4. 点带

传送带将口罩片放入口罩耳带点焊机上进行点带。此时，医用无纺布口罩即已完成。

5. 质检

质检员按照国家标准对口罩进行质检，合格者即可进入下一个程序。

6. 包装

传送带将质检合格的口罩输送到包装机器处，进行包装。

爱心牌医用口罩
Aixinpai Yiyongkouzhao

武汉加油有限公司

口罩的使用场景

呼吸道传染病流行时　　　粉尘污染时　　　身处特殊工作环境时

口罩的分类

在不同的使用场景中，要佩戴不同功能的口罩。一般来说，口罩可分为普通口罩和专业防护口罩。普通口罩是指由一般纺织物制成的口罩，如冬季佩戴可保暖的口罩。

专业防护口罩主要有：颗粒物防护口罩（即防尘口罩）、医用外科口罩和医用防护口罩。它们具有国家规定的质量标准，需要经检测认证后才允许使用。

颗粒物防护口罩

医用外科口罩

此外，一次性口罩也十分普及，防护程度虽未达到专业级别，但也可用于普通人的日常病毒防护。

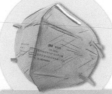

医用防护口罩

1. 颗粒物防护口罩

颗粒物防护口罩用于阻隔空气中悬浮的各类颗粒状的污染物进入人体。这类口罩的应用较广，如用于农业、工业、制造业等行业。它不仅能够防护各类矿尘、煤尘、硅尘、药尘等，也可用于各种空气传播的致病微生物的防护，如结核分枝杆菌或SARS病毒等。

2. 医用外科口罩

医用外科口罩是外科医生在手术过程中佩戴的口罩，阻止血液、体液和飞溅物的传播。在我国现有医疗器械管理体系中，医用外科口罩属于Ⅱ类医疗器械产品，生产商必须具备医疗器械生产许可证和产品注册证，符合医药行业标准。在口罩的包装和使用说明中，会对产品类别做明确的说明。

3. 医用防护口罩

医用防护口罩同时具备了医用外科口罩和颗粒物防护口罩的防护性能，也属于Ⅱ类医疗器械产品，必须符合国家的强制性产品标准。

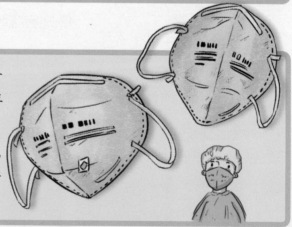

4.一次性口罩

一次性口罩根据厚度可分为两层口罩、三层口罩和四层活性炭口罩。

两层口罩：

一般用于食品加工厂，中间没有过滤熔喷布，只是两张无纺布缝合在一起，作用是阻止口腔中的物质（如唾液等）进入到食品中。

三层口罩：

即可在药店购买到的医用一次性口罩。两张无纺布中间夹一张过滤熔喷布。这种一次性口罩属于Ⅰ类医疗器械，有医疗产品注册证。这种医用一次性口罩不能用于手术操作，仅能作为日常防护使用。

四层活性炭口罩：

在三层口罩中增加一层活性炭纸，更好地提升了过滤粉尘和细菌的能力。活性炭口罩一般为黑色。

医用口罩的历史

医生戴口罩的历史始于 19 世纪末。当时，法国的一位外科医生保罗·伯格，受到德国病理学家的启发，怀疑手术中医护人员的唾液飞沫可能导致病人的伤口感染。于是，他发明了医用口罩。医用口罩代表了一种控制感染的新策略，即预防接触细菌。这种策略起初备受争议，但很快就得到了普及。

伯格持续 15 个月观察患者术后的感染情况，他发现经自己手术的患者发生感染的概率确实明显下降。于是，伯格在 1899 年 2 月 22 日巴黎召开的外科协会会议上宣读了题为《在手术中使用口罩》的论文。此后，口罩逐渐成为外科手术中的必备用具。

口罩的正确戴法

1. 清洗双手。

2.双手拿住两端耳绳，颜色深的一面向外（一般为蓝色），颜色浅的一面向内（白色）。

注意：尽量不要触碰口罩的罩体。

3.将带有金属丝的一边放到鼻梁处，按照自己的鼻型捏紧金属丝。

4.将耳绳挂在两耳上，进一步调整鼻梁处的金属丝，使其紧紧贴合面部。

5.将口罩罩体轻轻下拉，使其完全罩住口鼻即可。

衣物杀菌 —— 肥皂的加工

　　妈妈每天都要给奇奇换洗衣服，所以很关注肥皂（洗衣皂）是否会伤害皮肤。奇奇的妈妈一直搞不清楚肥皂的配料表中，那些化学成分都是什么，有什么作用。所以周六这天，她特意跑到 L 博士的实验室寻求帮助，希望博士可以解答她的疑问。

　　原料：氢氧化钠、油脂、水、食盐、香料、皂基、动物油、色素等。

1. 精炼

除去油脂中的杂质，脱胶、脱酸、脱色。

Tips：用于制作肥皂的油脂十分广泛，动物油或植物油均可，不同油的精炼方式也不同。

2. 皂化

皂锅中加入水、氢氧化钠、油脂，一边加热一边搅拌，使油脂充分皂化。皂化后，打开排料管，将废料排出，剩下的皂料称为皂基。皂化过程生成的脂肪酸钠和甘油是肥皂的主要原料。

Tips：油脂全部化开后，锅内出现分层则表示已经"分水"，可以进行下一步。如果没有"分水"，则需要继续加入氢氧化钠水。

3. 盐析

在皂料中加入食盐或饱和食盐水，使脂肪酸钠与稀甘油分离。盐析后，皂粒悬浮在上层，带盐的甘油水沉在锅底。甘油水可从排料管排出，甘油可以回收使用。

Tips：此时，可对皂基进行检验。如品质较差，可重复上述步骤。

4. 洗涤

蒸汽锅中加入水，倒入皂粒煮沸，使之由析开状态变成均匀的皂胶，洗出残留的甘油、色素及杂质。

5. 调料

烧锅内按比例加入清水、氢氧化钠、皂基、动物油、香料、色素等，一边加热一边均匀搅拌，达到"分水"状态时，盖好锅盖，静置 12 小时后出锅。

Tips：静置的温度不宜太低，会导致皂液凝固。

6. 冷凝

打开锅盖，将皂液中的浮沫取出，倒入铁箱中，冷却凝固。

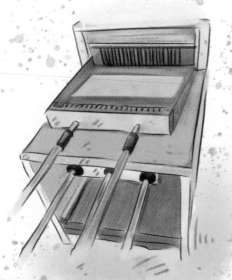

7. 切坯

皂液冷凝后形成大块皂板。将皂板放入切割机床上切割成一块块的皂坯。

8. 造型

使用肥皂打印机打上漂亮的图案和花纹，让肥皂的外形更加美观。

9. 干燥

使用肥皂干燥机，去除肥皂内多余的水分。

干燥机

10. 质检和包装

按照国家要求，进行相关检验。合格的产品就可以进入包装生产线啦！

肥皂的手工制作方法

在机器生产之前，肥皂都是手工制成的。

原料：椰子油、棕榈油、橄榄油、氢氧化钠、水、精油、香精等。

1. 配料

按照配方将适量氢氧化钠倒入量杯中，并加入配方所需水量（此时水温会升高，已变成强碱水，具有腐蚀性，因此请小心操作）。搅拌直到氢氧化钠完全溶解。

氢氧化钠

2. 混合

等待氢氧化钠溶液温度降至50℃左右，将配方里的油脂一一加入锅中。

3. 搅拌

使用搅拌棒将碱水搅拌均匀。

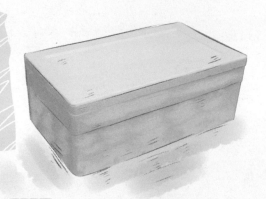

4. 入模

皂液变得浓稠时，添加精油、香精等原料，搅拌30分钟后倒入模具中。

5. 静置

入模后，放在25℃左右的泡沫箱中。两天后即可脱模。脱模后的香皂还不能使用，需要放在阴凉通风处晾干。（注意：肥皂宝贝不喜欢日光浴，因为会加速酸败变质）

6. 使用

肥皂晾干后，你就可以用上细腻的手工皂啦！

注意：制作手工皂使用的所有器具，不要用于制作食物！

围裙　橡胶手套　刮刀　模型　温度计
不锈钢杯　量匙　电子秤　不锈钢锅
打蛋器

你知道吗?

　　肥皂是脂肪酸金属盐的总称，由松香或脂肪酸等与碱类产生皂化或中和反应所得。肥皂溶于水，具有洗涤去污的作用。现在肥皂的品种很多，如洗衣皂、香皂、液体皂、水晶皂等，都是在传统肥皂的基础上改变配方、配料制成的。

　　肥皂的制作工艺在第二次工业革命之前就被人们所掌握，那时候肥皂由手工制成。根据考古发现，5000年前的苏美尔人将灰烬和动植物油一起煮沸，制成糨糊来做清洁品。公元前约1500年的埃及也有类似工艺的记载。

　　根据史书记载，我国在宋代时就出现了经营肥皂生意的人。那时候的肥皂是将天然皂荚磨碎，加上香料等物，制成橘子大小的"肥皂团"，专供洗面浴身之用。明代的李时珍在《本草纲目》中对肥皂的制作方法有详细记载。

干净卫生——竹浆卫生纸的制作

"妈妈，卫生间没有纸啦！"奇奇大声喊妈妈。

奇奇可不是第一次因为没有卫生纸而寻求帮助了。有一次，奇奇和妈妈去游乐场玩，突然感觉肚子疼，跑到卫生间才发现没带卫生纸。还有一次，奇奇的老师在上了半节课之后，发现奇奇的座位是空的。最后，一位男同学在卫生间找到了等待卫生纸"救援"的奇奇……

卫生纸是我们几乎天天使用的消耗品，你知道它是怎么制作出来的吗？一起看看吧！

原料：竹子。

1. 切片

选用成熟的竹子作为原材料，用切竹机切成竹片。

2. 清洗

将竹片倒入清洗机中清洗干净。

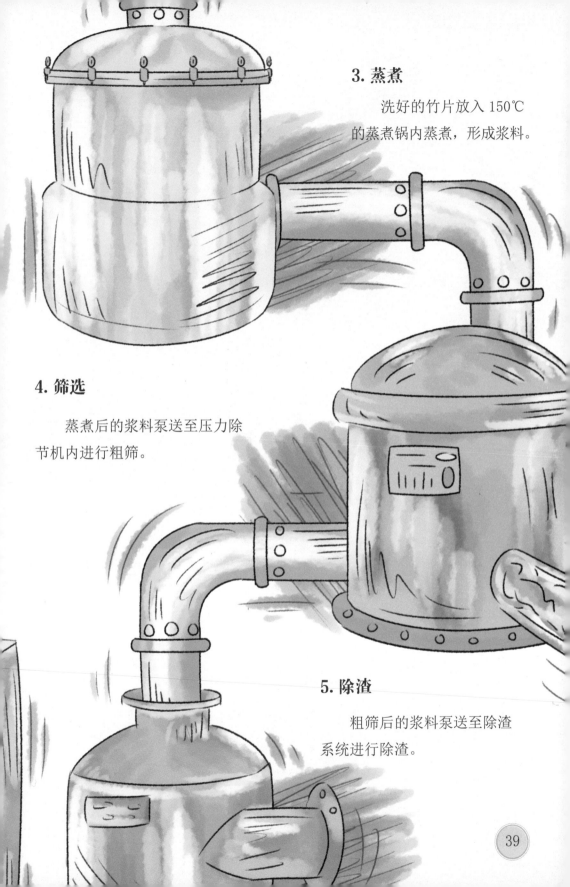

3. 蒸煮

　　洗好的竹片放入 150℃的蒸煮锅内蒸煮，形成浆料。

4. 筛选

　　蒸煮后的浆料泵送至压力除节机内进行粗筛。

5. 除渣

　　粗筛后的浆料泵送至除渣系统进行除渣。

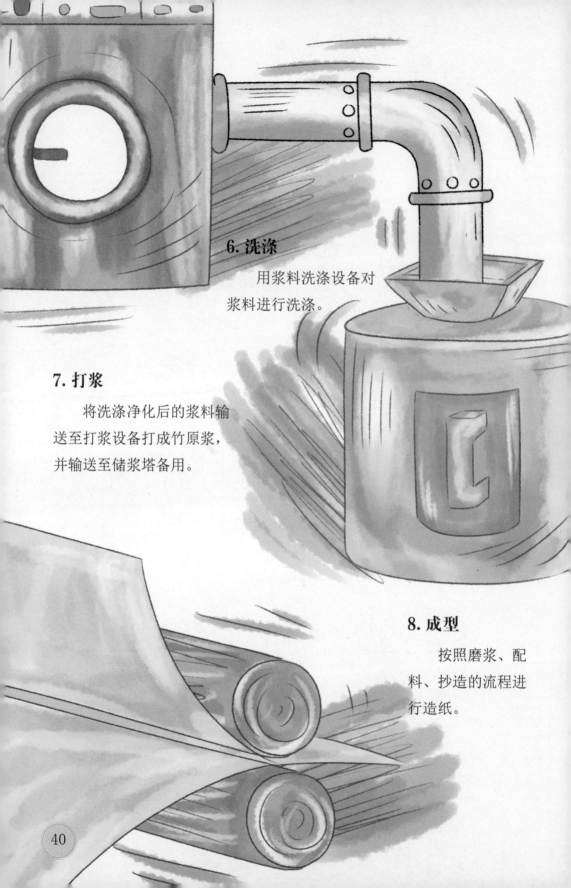

6. 洗涤

用浆料洗涤设备对浆料进行洗涤。

7. 打浆

将洗涤净化后的浆料输送至打浆设备打成竹原浆，并输送至储浆塔备用。

8. 成型

按照磨浆、配料、抄造的流程进行造纸。

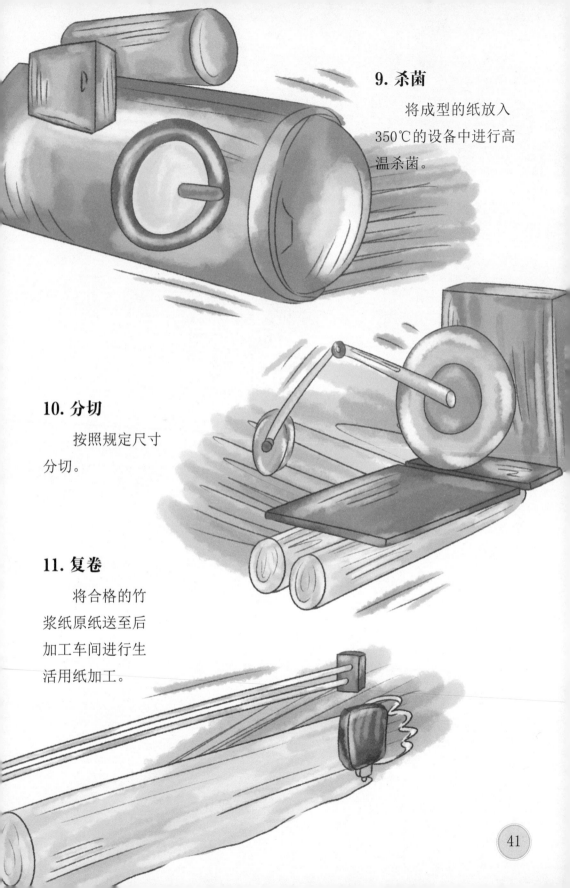

9. 杀菌

　　将成型的纸放入350℃的设备中进行高温杀菌。

10. 分切

　　按照规定尺寸分切。

11. 复卷

　　将合格的竹浆纸原纸送至后加工车间进行生活用纸加工。

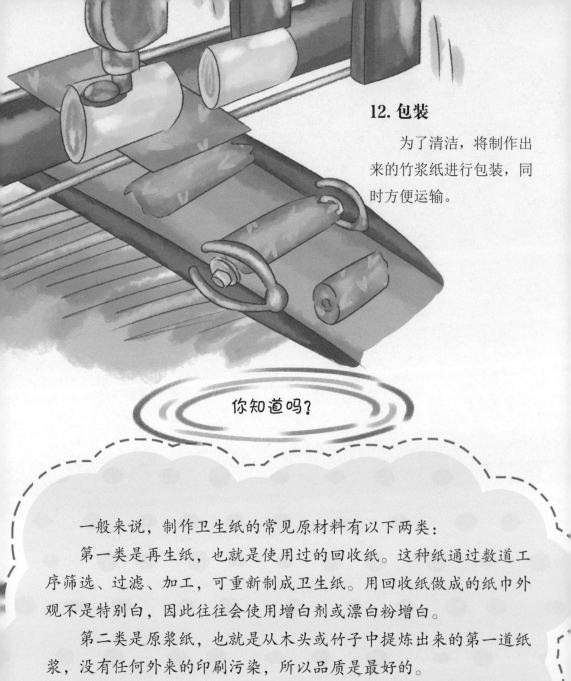

12. 包装

为了清洁，将制作出来的竹浆纸进行包装，同时方便运输。

你知道吗？

一般来说，制作卫生纸的常见原材料有以下两类：

第一类是再生纸，也就是使用过的回收纸。这种纸通过数道工序筛选、过滤、加工，可重新制成卫生纸。用回收纸做成的纸巾外观不是特别白，因此往往会使用增白剂或漂白粉增白。

第二类是原浆纸，也就是从木头或竹子中提炼出来的第一道纸浆，没有任何外来的印刷污染，所以品质是最好的。

有时候我们会在卫生纸的外包装上看到"纯木浆纸"字样，事实上，纯木浆纸可能是原浆纸，也可能是回收纸。

1. 颜色更白的纸，质量更好吗？

有些生产厂家为了迎合消费者喜欢白色卫生纸的心理，在生产过程中添加荧光增白剂或大量使用漂白粉，提高纸的白度。长期使用这样的纸，会对身体产生不良影响。

2. 重量越重的纸，质量越好吗？

有的生产厂家为降低成本，在卫生纸的生产过程中加入滑石粉和淀粉，使卫生纸的重量较重，外观体积较小。

3. 为什么有的卫生纸闻起来有异味呢？

如果使用麦草或回收的生活废纸作为原料，那么制作出来的纸细菌含量可能会严重超标，不得不使用大量化学物质进行消毒。这种异味有可能是化学物质的味道。

4. 为什么卫生纸的吸水率不同？

有的厂家为增加纸的体积，像制作爆米花一样在原料中加入大量膨化剂。这样生产出来的卫生纸看起来体积特别大，但拉力和吸水性都很差。

如何挑选卫生纸呢？

一看产品包装：是否标明卫生许可证号、厂址、邮编、联系电话，有无执行标准等。

二看色泽：原浆纸因为无任何添加剂，颜色为自然的象牙白，纹理相对均匀。

三看耐力强度：原浆纸纤维长、拉力大、韧性好、不易断。

四看火烧的结果：好的卫生纸经燃烧后呈白灰状，而劣质卫生纸燃烧后呈黑灰状。

婴儿必备——纸尿裤的生产

小朋友你记得婴儿期的你使用的纸尿裤是什么样的吗？纸尿裤，又叫尿不湿，是一种一次性尿布，分为幼儿专用和成人专用。纸尿裤是以无纺布、纸、棉等材料制成，吸水性强，能长时间保持皮肤干爽。现在，就跟着L博士一起去看看纸尿裤是如何制造出来的吧！

纸尿裤工厂

欢迎来到纸尿裤工厂！

接待处

工厂地图

接待处

消毒间

生产线

成品实验室　包装车间

1. 消毒

进入工厂前，先到消毒间消毒。

咦，这里有一扇穿越门！

这是消毒风淋门，帮助我们清除身上的灰尘和细菌，保证车间里纸尿裤的卫生。

2. 进入生产车间

生产车间有一条长长的生产线。

生产线

纸尿裤的材料组成

1. 绒毛浆
2. 吸水晶体
3. 湿强纸
4. 热熔胶
5. 无纺布
6. 腰贴
7. 底膜

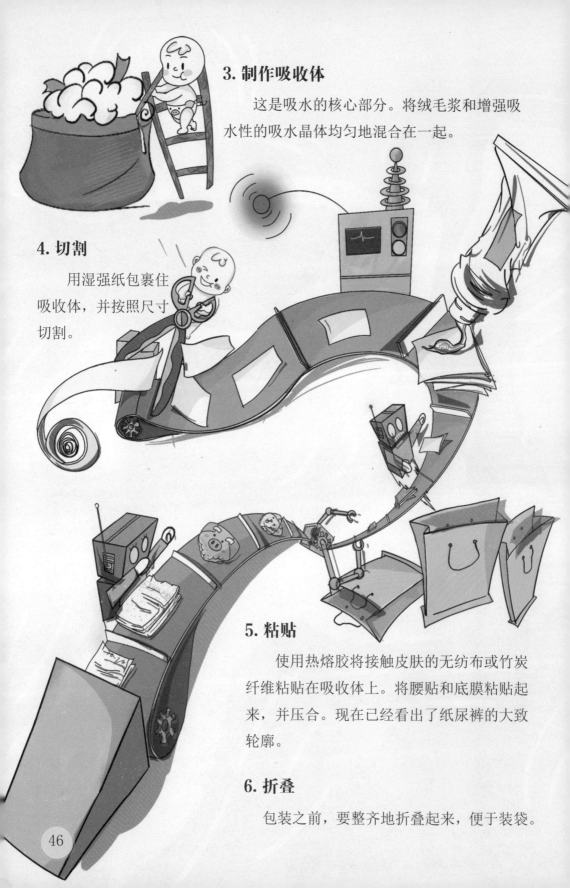

3. 制作吸收体

　　这是吸水的核心部分。将绒毛浆和增强吸水性的吸水晶体均匀地混合在一起。

4. 切割

　　用湿强纸包裹住吸收体，并按照尺寸切割。

5. 粘贴

　　使用热熔胶将接触皮肤的无纺布或竹炭纤维粘贴在吸收体上。将腰贴和底膜粘贴起来，并压合。现在已经看出了纸尿裤的大致轮廓。

6. 折叠

　　包装之前，要整齐地折叠起来，便于装袋。

7. 监控

纸尿裤的制作，由电脑全程监控。一旦发现残次品，立即剔除。

8. 质检

包装之前，要对纸尿裤进行质检。

Tips：

纸尿裤的质检是非常严格的。首先，质检员会使用一种叫作氯化钠的化学物质模拟宝宝的尿液，用来检测芯体的吸收性。然后，将纸尿裤放在一个倾斜的机器上，液体从上到下渗透得越少，说明质量越好。

9. 测试酸碱度

把 pH 测试笔放到纸尿裤的碎屑中，弱酸性的为合格产品，能够更好地呵护宝宝娇嫩的皮肤。

如果被测试的纸尿裤存在问题，怎么办？

奇奇

那这一批产品就要全部废弃啦，老板损失惨重哟！

└博

10. 装箱

经过层层工序，纸尿裤终于能够打包装箱出售啦！

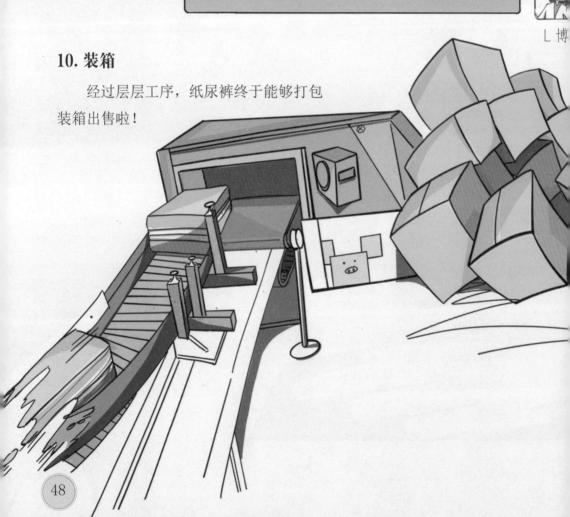

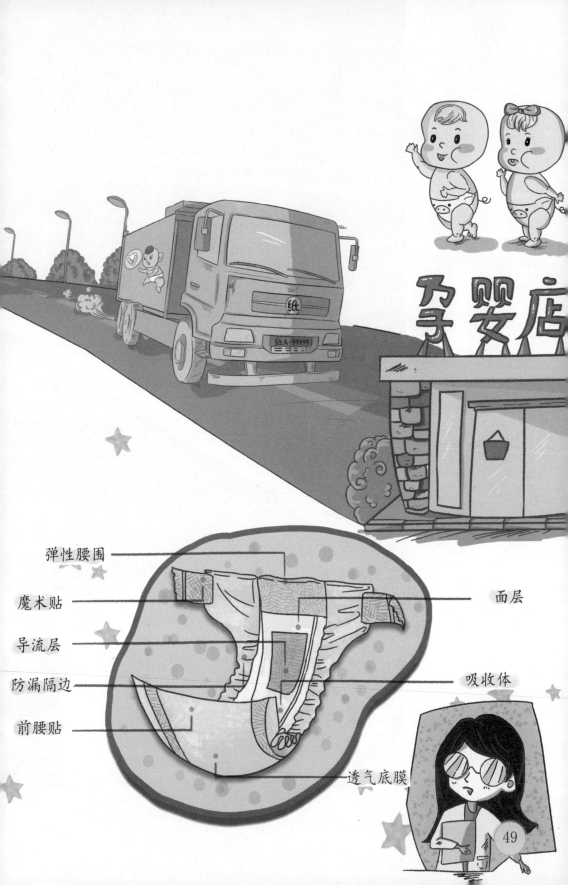

弹性腰围

魔术贴

导流层

防漏隔边

前腰贴

面层

吸收体

透气底膜

49

纸尿裤发明之前，"尿裤"的概念古已有之。

1. 远古时期，人类使用苔藓、野草、树皮和兽皮制作尿裤。

2. 到了古代，随着纺织技术的发展，宝宝尿裤得到了改良。富裕家庭会使用丝绸、棉布等纺织品做尿裤。

清贫的家庭会使用麻布制作尿裤，或者直接给宝宝穿开裆裤。

哥发明了
纸尿裤1.0

3. 近代以来，随着科学技术的发展，尿裤不断升级。发明近代尿裤的第一人是瑞典人鲍里斯。他将吸水绵纸剪裁成特殊的形状，一张张折叠包装在纱布或网状针织物中，这就是纸尿裤的雏形，我们可称之为"纸尿裤1.0"。

姐发明了
纸尿裤2.0

4. 一位美国妈妈在给孩子使用纸尿裤时，尝试在尿布下面增加一个防水层，提高了尿布的防水效果。她还申请了专利。直到19世纪80年代，高分子吸水材料开始在纸尿裤上使用，开创了"纸尿裤2.0"时代。

5. 直到2012年下半年，第三次纸尿裤芯体技术革新并进入应用阶段。这种纸尿裤吸水性更高、韧性更强，很好地解决了宝宝红屁股和侧漏等问题。这就是婴儿们喜欢的"纸尿裤3.0"。

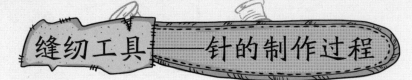

缝纫工具——针的制作过程

　　今天的体育课上，奇奇跟几名男同学一起打篮球。不知是因为奇奇最近胖了，还是同学拉扯，奇奇的衣袖开线了。下午放学回到家，奇奇找来针线包，认真地缝了起来。缝了几针，歪的，拆了重缝。又缝了几针，斜了，只好又拆了。反复拆缝了几次，都不成功，奇奇只好放弃了。他把衣服和针线放到沙发上，等妈妈下班回来帮忙。生活中，我们常见的缝衣针是怎么制作出来的呢？一起看看吧！

原料：钢丝

1. 采购

　　按照技术指标，采购合格的钢丝作为缝衣针的生产原料。

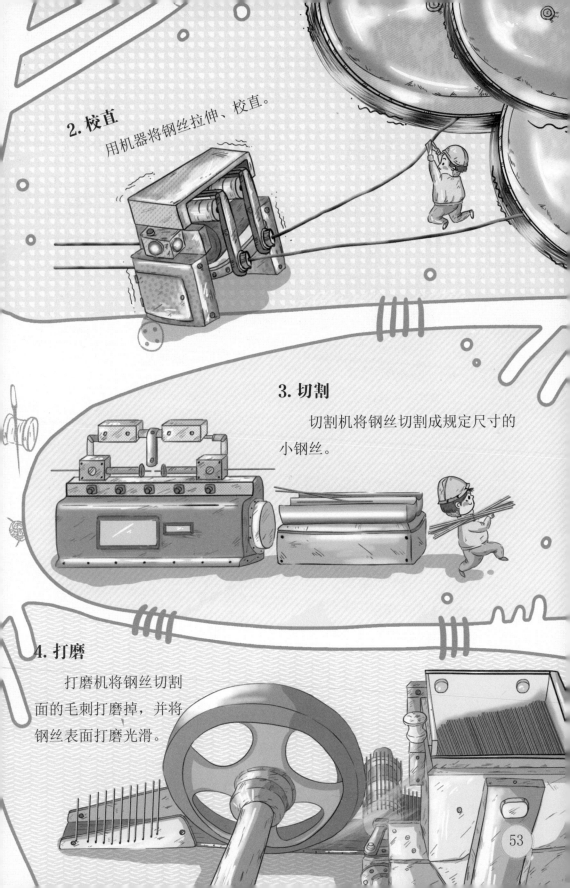

2. 校直

用机器将钢丝拉伸、校直。

3. 切割

切割机将钢丝切割成规定尺寸的小钢丝。

4. 打磨

打磨机将钢丝切割面的毛刺打磨掉,并将钢丝表面打磨光滑。

53

5. 磨尖

高温机器将钢丝的两端打磨尖锐。

6. 压铸

机器在钢丝的中间压铸特殊的对称形状。

7. 打磨

冲压机压铸出针眼的形状。

8. 切割

切割机从钢丝的中间将其切割成两半。

9. 喷砂

将针整齐地码放在磨砂布上，均匀地撒上专用的磨砂，用针线缝合好。

10. 磨砂

启动磨砂机器，将针打磨光滑。

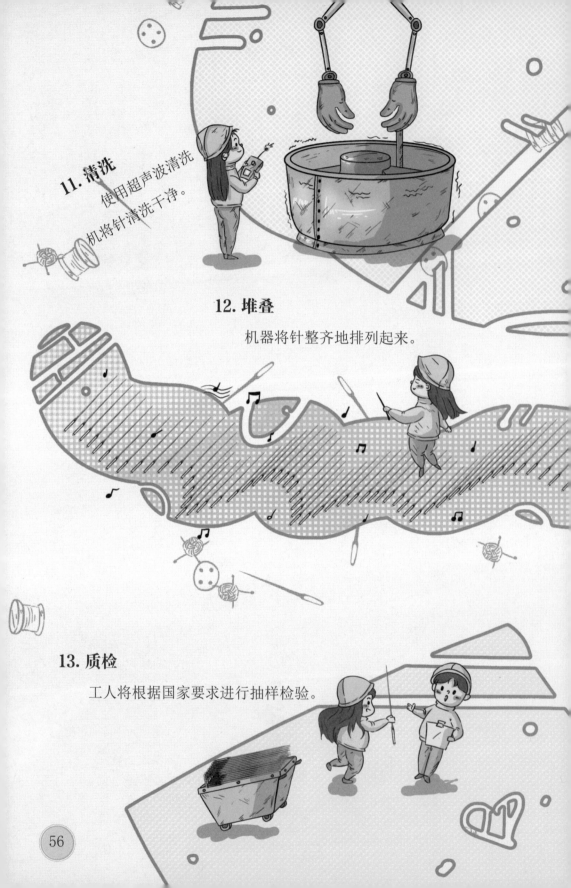

11. 清洗

使用超声波清洗机将针清洗干净。

12. 堆叠

机器将针整齐地排列起来。

13. 质检

工人将根据国家要求进行抽样检验。

14. 包装及运输

合格的针就可以进行包装和运输啦！

你知道吗？

针是生活中常见的物品之一，分类也较多，如缝纫的针、医疗注射的针、针灸专用针等。

缝衣针

缝衣针是手工缝制衣物的针，也是常见的家庭备品之一。缝衣针也称手缝针，根据粗细、长短、针尖形状、针孔大小的不同，分为很多类型，如绣花针、绒线针、皮革针等。根据缝衣针的粗细、长短，分为 1 ~ 15 个型号，号码越大，针身越细、越短；号码越小，针身越粗、越长。这样的分类，兼顾不同的面料和针法。

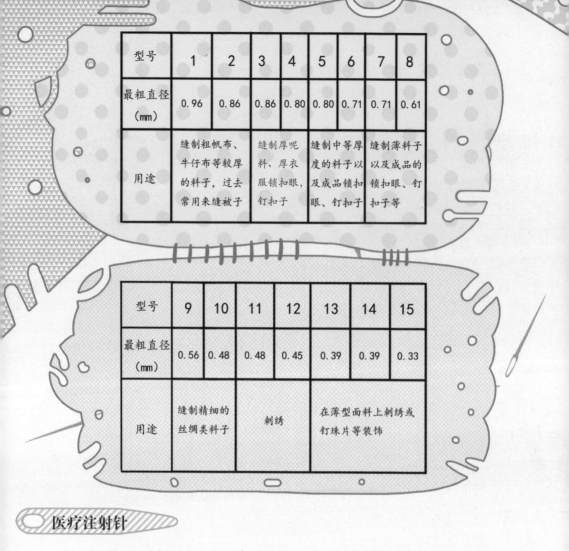

型号	1	2	3	4	5	6	7	8
最粗直径（mm）	0.96	0.86	0.86	0.80	0.80	0.71	0.71	0.61
用途	缝制粗帆布、牛仔布等较厚的料子，过去常用来缝被子		缝制厚呢料、厚衣服锁扣眼、钉扣子		缝制中等厚度的料子以及成品锁扣眼、钉扣子等		缝制薄料子以及成品的锁扣眼、钉扣子等	

型号	9	10	11	12	13	14	15
最粗直径（mm）	0.56	0.48	0.48	0.45	0.39	0.39	0.33
用途	缝制精细的丝绸类料子		刺绣		在薄型面料上刺绣或钉珠片等装饰		

医疗注射针

医疗注射器的针头，根据粗细，一般分为4.5号、5号、6号、7号等。号码表示针头的直径大小，比如5号表示针头的直径为0.5毫米。一般来说，儿童注射使用细一点儿的针，成人注射则稍粗一点儿。

在注射时，不同直径的针用途不同。具体如下：

用途	注射器	针头
皮下注射	1ml	4.5～5号
肌内注射	2.5ml	5.5～6号
静脉注射	2.5～10ml	4.5～7号
静脉采血	5ml、10ml、20ml、50ml	6～9号

针灸针

针灸的历史十分悠久，最早的针灸针是针石。现代的针灸针一般由前端的针尖、中端的针体和后端的针柄组成。针尖和针体十分光滑，而针柄带有螺纹，方便针灸时的提插捻转操作。

现在临床上使用的针灸针一般为不锈钢针，并不是大家在影视剧作品中看到的银针。因为银针太软，容易折断而造成医疗事故，而且银针的成本也比不锈钢针的成本高。目前，不少正规医院都使用一次性针灸针为患者针灸。

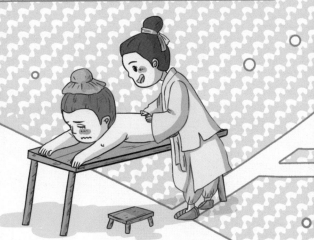

针的发展史

旧石器时代，中国的山顶洞人（距今3万年）就学会了制作骨针缝合衣服和装饰品。考古学家在古埃及的遗址中发现了石针，而古罗马人则使用铁针和铜针。

现代钢针的产生是在钢铁冶炼技术逐渐发达之后。14世纪，德国汉堡建立起世界第一家生产钢针的工厂。后来，德国人格鲁斯把造针术带到了英国，从而使英、法成为世界上主要的产针国家。

光可照人 —— 神秘的 镜子

　　奇奇的小舅和小舅妈要结婚了！为了参加下周的婚礼，这周日妈妈特意上街买了一条新裙子。晚上回来，她穿上新裙子，在镜子前面左照照、右照照。"妈妈，也不是你结婚，我怎么感觉你比新娘还兴奋呢！"奇奇对妈妈说道。

　　"别胡说！"妈妈佯装生气道。

　　"老公啊，你看我新买的这条裙子好看吗？"妈妈微笑着问爸爸。

　　"好看好看！仙女下凡！"爸爸赶紧奉承道。

　　"嗯，那就好，没白刷你的卡！"说完，妈妈迈着轻盈的步伐走了，而爸爸的表情瞬间凝固了……能照出模样的镜子，是怎么制成的呢？快来看看吧！

原料：透明玻璃、氧化铈、蒸馏水、氯化亚锡、硝酸银、铜液。

1. 清洗

使用氧化铈清洗玻璃，清洗后的玻璃十分光洁。

2. 擦拭

自动旋转刷将玻璃的正反两面洗刷干净。

3. 冲洗

使用蒸馏水冲洗玻璃。

Tips：蒸馏水是蒸馏、冷凝的水。比如，煮鸡蛋时，锅盖上的水珠就是蒸馏水。与自来水相比，蒸馏水中不含矿物离子，会使镀银的成镜效果更好。

4. 喷涂

将微量的氯化亚锡溶液喷涂到玻璃上。

氯化亚锡

5. 镀银

将硝酸银均匀地喷涂在附着了氯化亚锡溶液的平板玻璃上。此时，镜面已经可以反光了。

硝酸银

6. 镀铜

将铜液均匀地喷涂到镀银层的表面。

铜液

7. 一次喷涂防护漆

使用帘式涂料机在镜子上均匀地喷淋上保护漆。

8. 一次烘干

使用烤箱将镜子烘干。

Tips：烤箱温度设定为100℃，两分钟内可将涂料固化在镜子上。

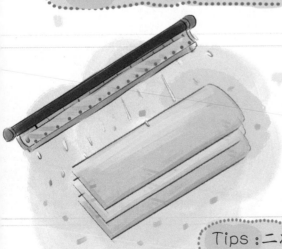

9. 二次喷涂保护漆

再次使用帘式涂料机在镜子上均匀地喷淋上保护漆。

Tips：二次喷涂的保护漆与第一次的不同。

10. 二次烘干

二次烘干的烤箱温度更高，三四分钟后涂料即可固化在镜子上。

11. 酸洗

通过酸洗去除镜子上多余的金属残留物。

酸洗

检验

12. 检验

工人检验玻璃上是否存在气泡，若有则会做出标记。

13. 切割

工人将一整片大镜子切割成不同大小和形状的小镜子。

14. 包边

裁切完的镜子边缘十分锋利，因此要包边，使镜子既美观又安全。

你知道吗？

镜子是表面光滑、可以反射光线成像的生活用品。我国使用镜子的历史十分悠久，大约在春秋战国时期，人们便开始使用青铜铸造的镜子。随着镜子制作工艺的发展，人们开始注重镜子的装饰，可以说是越做越精致，甚至可以当作值得珍藏的艺术品。唐朝以前，镜子大多是圆形的，唐朝以后，出现了各种形状的镜子。

14世纪初，威尼斯人首先发明了玻璃镜，并垄断了世界镜子产业一百多年。我们今天使用的镜子是德国化学家在传统玻璃镜子工艺的基础上改良而成的。现在制作镜子的方法也更多，除了文中介绍的化学镀银法以外，还有真空蒸镀法等。

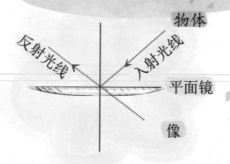

光线射入到平面镜上，平面镜又将光反射到人的眼中，这样我们就在平面镜中看到了物体的像。

避雨遮阳——伞的制作流程

哗啦啦……临近放学的时候，突然下起了瓢泼大雨。奇奇和同学们不约而同地望向窗外。夏天的阵雨就是这样，突如其来，毫无预兆。奇奇心想，这下可糟了，没带雨伞，放学时如果天没有晴，就只能留在学校了。放学了，几名带伞的同学冲进雨中，留下的同学或写作业或玩耍，倒也十分热闹。阵雨持续了约一个小时，等奇奇的爸爸带着雨伞匆忙赶到学校的时候，雨停了。

能够为我们遮阳挡雨的伞，是怎么做成的呢？一起看看吧！

> 原料：伞架、伞布、伞珠、伞带等。

1. 备料

采购优质的伞架、伞布和配件，才能确保雨伞的品质合格。

Tips：伞架决定了伞的坚固程度，雨伞的伞布也是伞品质高低的重要标准。

2. 大裁

使用裁切机将一卷卷的伞布裁切成长方形。

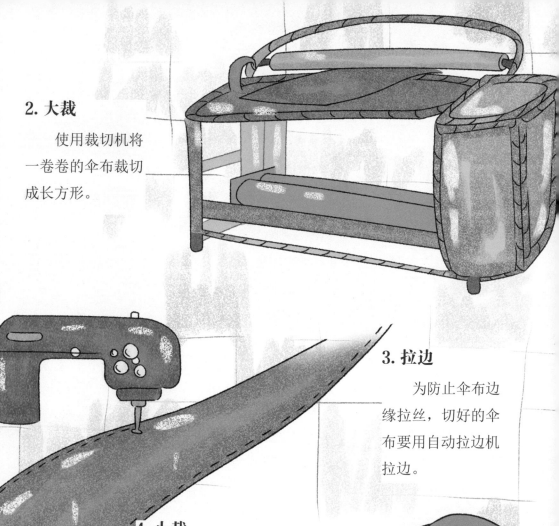

3. 拉边

为防止伞布边缘拉丝,切好的伞布要用自动拉边机拉边。

4. 小裁

工人将伞布放在三角木架上,用刀片将长方形伞布裁切成三角形,作为雨伞的伞面。

Tips:这一过程完全由人工完成,体现工人的技术水平。

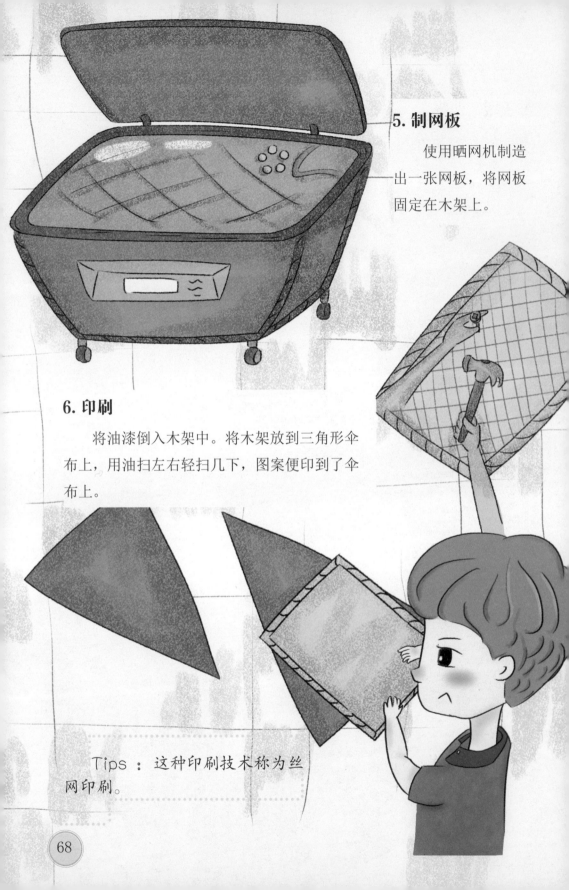

5. 制网板

使用晒网机制造出一张网板，将网板固定在木架上。

6. 印刷

将油漆倒入木架中。将木架放到三角形伞布上，用油扫左右轻扫几下，图案便印到了伞布上。

Tips：这种印刷技术称为丝网印刷。

7. 合片

将印刷好的三角形伞布缝合到一起，制作成伞面。

Tips：伞的种类不同，伞布的数量也不同，6片至24片的均有。缝合时的针数要密实，否则会出现漏雨的情况。

8. 装伞珠

用珠尾机将伞珠装到伞架上。

Tips：伞珠是伞的重要配件之一，有塑料的，也有铁的，形状也不尽相同。

9. 打顶

使用伞顶机在伞面的顶部打一个孔，同时将伞布固定在伞架上。

10. 伞带

用机器或手工将伞带缝制在伞面上。

11. 上骨

工人将伞面与伞骨接合，使用阵线将伞骨固定到伞面上。

Tips：通常在一支伞骨上，工人会用两三个结来扎紧伞骨和伞面，现在有的企业也使用机器进行固定。

12. 自检

减掉伞上多余的线头，检查零件是否齐全。

13. 伞顶

使用伞顶机将伞顶安装在伞的顶部。

14. 手柄

使用伞头加热机将手柄安装到伞架底部。

15. 质检

质检员根据国家标准进行检验。

16. 包装

将伞整理好，放入伞套中，打上合格标签、产品使用说明等，外面套上塑料防尘膜，即可上市啦！

你知道吗？

伞是一种用于遮挡阳光和雨雪的日常用品，一般由具有延展性的布料，如涤纶、PG布和尼龙等制成。伞架由坚固耐用的钢铁制成。

关于伞的来历

　　对于是谁发明了伞这一问题，一直众说纷纭。有的人说，埃及人发明了伞，因为早在公元前1200年，那里的贵族外出游玩时，奴隶便为他们撑伞遮阳。有的人说，罗马人发明了雨伞。因为罗马处于地中海地区，阳光充足，他们早早地发明了伞来遮挡阳光。还有的人说，我国鲁班的妻子发明了伞，伞在当时还被称为"能移动的房屋"。

　　根据面料，伞可分为涤纶伞、油纸伞等。根据折数，伞可分为直杆伞、两折伞、三折伞和五折伞等。

日常生活中，如何选购雨伞呢？你可以参照以下几点：

1. 伞面应饱满，无脱线、断线。

2. 连续开合伞面多次，伞骨应坚实牢固，不轻易脱落。

3. 伞柄、伞骨、伞面均应完整无损。

4. 伞的各种小部件应该光滑、耐用。

  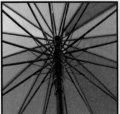 

适当保养能够延长伞的使用寿命。

1. 用过的雨伞应放在通风、干燥处撑开晾干。

2. 雨伞在收纳之前，应在伞骨和伞柄处涂抹少量润滑油，防止它们生锈。

3. 撑开雨伞前，应先抖松伞面，理直伞骨，然后缓慢地撑开，防止伞面破裂。

注意：千万不要将雨伞当作拐杖或玩具玩耍！

牙齿卫士——牙膏是怎么制造出来的

"妈妈，我的牙膏用完了！"

奇奇在卫生间大声喊妈妈。自从奇奇出现了蛀牙后，他就积极配合牙医的治疗，还很自觉地每天早晚认真刷牙，再也不用妈妈督促。从牙膏的更换时间上就能看出奇奇态度的转变，原来他的牙膏四五个月才用完，现在，三个月就要买一支新牙膏。奇奇一边刷牙一边想，只用牙刷清洁牙齿不行吗？为什么一定要用牙膏呢？请你去下文寻找答案吧！

原料：香料、摩擦剂、活性剂、稳定剂等。

1. 投料

按照牙膏制作配方比例，将原料放入预溶锅和预混锅中溶解、混合。

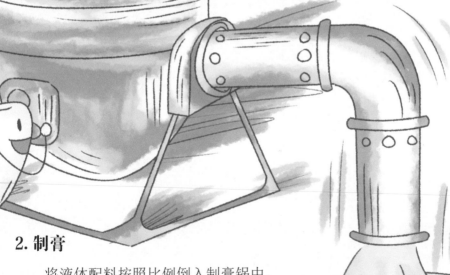

2. 制膏

将液体配料按照比例倒入制膏锅中，同时加入摩擦剂、香料，开启搅拌程序。

3. 膏体捏合

开启膏体捏合程序,将原料充分融合均匀。

4. 研磨

开启研磨程序,使原料更加细腻。

5. 真空脱气

开启脱气程序,将膏体内的气泡完全抽出。

6. 检验

制膏锅中挤压出少量牙膏，进行检验。合格后即可进行下一个流程。

7. 陈化

膏体放置在制膏锅内自然冷却至常温。这一过程也使原料进一步膨胀，提高牙膏的黏合性和延展性。

8. 灌装

工人调节好管装量、封尾温度和机器速度，自动灌装线将牙膏自动灌装入制作好的塑料管中。

9. 装盒

机器将一支支牙膏自动装入包装盒中。

10. 封膜

热封机将牙膏盒进行收缩膜热封。这样，牙膏就制作好了！

你知道吗？

牙膏是一种配合牙刷使用的清牙剂，一般呈凝胶状，用于牙齿的清洁和保健。牙膏是由无机物和有机物组成的，摩擦剂是牙膏的主体成分。随着科学技术的不断发展，牙膏的制作工艺水平也越来越高，出现了不同功能的牙膏。

牙膏的分类

根据功能的不同，牙膏可分为抗菌消炎型、抗过敏型、去垢增白型、除臭型、防龋型、脱敏型等。

根据成分的不同，牙膏可分为普通牙膏、氟化物牙膏、药物牙膏等。

现在，市面上出现了一些具有多种功效的牙膏，在选购时可详看说明书。

抗菌消炎型

除臭型

抗过敏型

防龋型

去垢增白型

牙膏使用注意事项

1. 早晚使用不同的牙膏。

大部分人的口腔问题是由细菌引起的，人体口腔分泌的唾液具有杀菌功能。在白天，唾液分泌量是晚上的 3～4 倍，能够抑制口腔中的细菌产生。因此，白天应使用具有清洁功能的牙膏，去除异味异物，提高牙龈组织的抗病能力。夜晚，口腔唾液分泌量不足，口腔酸化，口腔细菌繁殖会引发各种口腔问题。因此，晚上应使用抑菌、杀菌的牙膏，预防龋齿。

2. 不要长期使用同一种牙膏。

长期使用同一种牙膏刷牙，会使口腔内的细菌产生耐药性和抗药性，使牙膏失去灭菌护齿的作用。为了保护口腔健康，我们应该经常更换牙膏的种类，普通型和疗效型的应交叉使用。

消毒杀菌——洗手液的制造流程

吃饭前，"奇奇，快去洗手！别忘用洗手液！"

上完厕所，"奇奇，有没有用洗手液洗手？"

从外面回来，"奇奇，先去卫生间洗手！用洗手液！"

奇奇对洗手这件事，确实不怎么上心，比如他常常不使用洗手液，洗完手不擦干净水等，所以常常遭到批评。

2020年初，新型冠状病毒肺炎肆虐。奇奇和爸爸、妈妈一直待在家里。妈妈对奇奇洗手的要求更高了，要求他使用灭菌洗手液，严格按照洗手七步法洗手。能够灭菌的洗手液是怎么做成的呢？一起看看吧！

原料：对氯间二甲苯酚等。

1. 搅拌

将原料按照配方比例倒入真空均值乳化机中，搅拌均匀。

2. 质检

按照国家标准，对搅拌好的洗手液进行质检。

3. 装瓶

使用膏液瓶子灌装机进行灌装。

4. 贴标及喷码

使用贴标机将合格产品贴上标签，并喷上产品识别码。

5. 包装

将产品塑封好，就可以运送到超市啦！

下面是奇奇自制洗手液的秘方，你能学会吗？

原料：

十二醇硫酸钠

氯化铵

香精油

食用色素

奇奇使用了这些化学实验器材：

压嘴瓶

量勺

搅拌棒

量杯

1. 配料

将一勺十二醇硫酸钠倒入量杯中，并加入 1ml 水。

Tips：水温控制在 50 ~ 70℃ 为佳。

2. 搅拌

用搅拌棒将其搅拌均匀。

3. 加料

加入三分之一勺的氯化铵，并搅拌均匀。

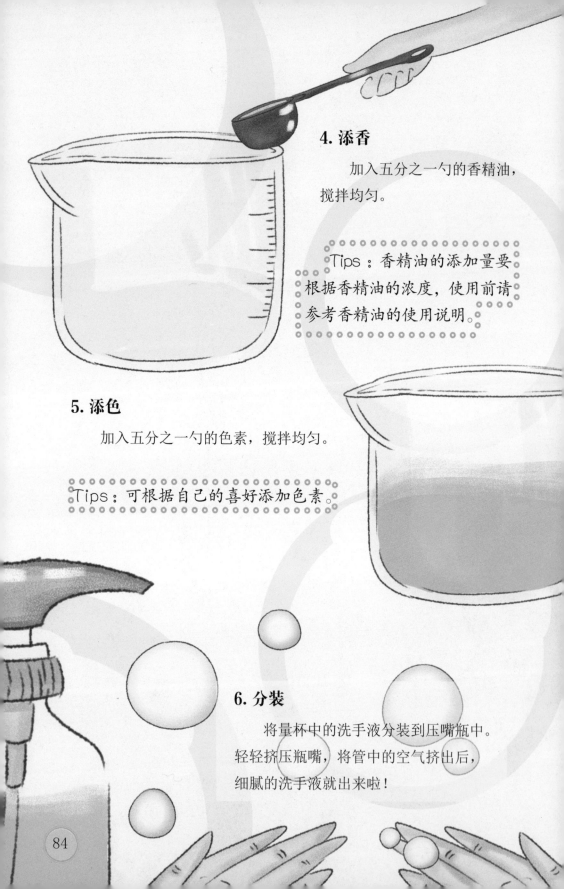

4. 添香

加入五分之一勺的香精油，搅拌均匀。

Tips：香精油的添加量要根据香精油的浓度，使用前请参考香精油的使用说明。

5. 添色

加入五分之一勺的色素，搅拌均匀。

Tips：可根据自己的喜好添加色素。

6. 分装

将量杯中的洗手液分装到压嘴瓶中。轻轻挤压瓶嘴，将管中的空气挤出后，细腻的洗手液就出来啦！

洗手液是清洁和保护手部皮肤的液体，可以有效抗菌、抑菌和杀菌。

洗手液为什么能够灭菌?

洗手液中添加了一些活性成分，可以有效灭菌。例如，有的洗手液中含有对氯间二甲苯酚，它能够使病毒中的蛋白质变性，从而达到杀菌效果，对多数革兰氏阳性、阴性菌，真菌和霉菌等都有一定的杀灭功效。

什么是七步洗手法?

七步洗手法是医务人员进行医疗操作前的洗手方法。为防止病毒传播，七步洗手法得到宣传和推广。

第一步（内）:洗手掌。流水湿润双手，涂抹洗手液（或肥皂），掌心相对，手指并拢相互揉搓。

第二步（外）：洗手背和侧指缝。手心对手背沿指缝相互揉搓，双手交换进行。

第三步（夹）：洗掌侧指缝。掌心相对，双手交叉沿指缝相互揉搓。

第四步（弓）：洗指背。弯曲各手指关节，半握拳把指背放在另一手掌心旋转揉搓，双手交换进行。

第五步（大）：洗拇指。一手握另一手大拇指旋转揉搓，双手交换进行。

第六步（立）：洗指尖。弯曲各手指关节，把指尖合拢，在另一手掌心旋转揉搓，双手交换进行。

第七步（腕）：洗手腕。一手手掌揉搓另一手手腕、手臂，双手交换进行。

注意：佩戴首饰的部位也要彻底清洗哟！

养护皮鞋 —— 鞋油的制作

　　因为工作的关系，奇奇的爸爸常常穿着黑皮鞋。这天晚上，奇奇正在边吃水果边看电视。突然，他又闻到了一股熟悉的鞋油味儿。但是，这次的味儿有点不同。他扭头望去，看到爸爸手中正拿着新买的鞋油，挤到皮鞋上。奇奇知道，如果皮鞋不擦鞋油，皮面会失去光泽，时间久了还会干裂。奇奇放下手中的苹果，对爸爸说："老爸，我帮你吧，我觉得鞋油的味儿挺好闻！"奇奇爸爸赶紧将鞋刷子交给奇奇，边摘下口罩边说："我快被鞋油味儿熏死了！"原来，奇奇的爸爸不喜欢鞋油味儿。能够养护皮鞋的鞋油是怎么做成的呢？我们一起来揭秘吧！

原料：蜡块、乳化剂、油溶黑、松节油、染料等。

1. 称量

将蜡块、乳化剂、染料等原材料按比例称重。

2. 熔蜡

将蜡块放入锅中加热熔化，并按一定比例加入松节油搅拌均匀。

3. 熔漆

将油溶黑加热熔化，加入少量松节油调匀。

4. 搅拌

将所有原料倒入搅拌锅中充分搅拌均匀。

5. 分装

根据包装设计，将鞋油液体装入金属壳或者塑料管中，进行分装。

6. 冷却

流水线将分装好的鞋油送入快速冷却机中，鞋油很快便凝结为膏体。

快速冷却机

7. 质检

质检员根据国家标准，对同一批次的鞋油进行质量检验。

合 格

鞋油

鞋油

8. 包装及运输

检验合格的产品，即可装入漂亮的纸盒中，运送到超市啦！

鞋油 鞋油 鞋油

　　鞋油是一种保护皮鞋的日常用品,可使皮面光亮,延长皮鞋的寿命。鞋油的主要成分是蜡,质地包括液态、乳状、膏状等。

　　不同质地的鞋油,成分也不尽相同。本文介绍的原料及工艺流程是乳化型膏体鞋油,乳化型膏体鞋油的产品主要成分是蜡块、乳化剂、水、染料等。树脂型液体鞋油的主要成分是高分子树脂材料、表面活性剂、染料等。

如何使用鞋油?

　　买回皮鞋后,应第一时间擦油,这样能更好地保护皮鞋的色泽和光亮。皮鞋应每隔两三天擦一次鞋油。不同的皮质使用不同的鞋油,具体可参考皮鞋养护说明和鞋油使用说明。

如何自制鞋油?

　　鞋油也可以自制。下面是两个自制鞋油的配方,快跟爸爸、妈妈一起试试吧。

　　1. 橄榄油 + 蜂蜡 橄榄油和蜂蜡以 2 : 1 的比例混合在一起,放入微波炉中加热 30 秒至蜂蜡熔化,与橄榄油充分融合。搅拌均匀的液体趁热倒入盒中,一个小时左右待其凝固后即可使用。

　　2. 橄榄油 + 柠檬汁 橄榄油和柠檬汁以 2 : 1 的比例混合在一起,搅拌后均匀地喷洒到鞋面上,再用擦鞋布反复擦拭,可使皮鞋表面光亮如新。

实用的发明 —— 拉链的制作

　　语文课上，老师正在给大家讲成语"唇齿相依"的故事：春秋时期，晋国想要攻打虢国，但必须跨越虞国境内。晋献公将美玉和名马送给虞国国君，请求借道。虞国的大夫宫之奇劝国君不要收礼物，并说："虢国和虞国就好像嘴唇和牙齿的关系，嘴唇没有了，牙齿岂能自保？"遗憾的是虞国国君不听劝谏。结果，晋军灭掉了虢国后，旋即灭掉了虞国。

　　讲到这里，奇奇突然联想到跟牙齿很像的一件常见的生活用品，你知道是什么吗？

　　答案就是拉链。你答对了吗？

1. 织带

用机器将纱线编织成带状的织带。

2. 染色

　　将织带放入染色机中进行染色。

3. 压齿

　　将一条织带和一条金属带同时放入压齿机中。压齿机裁下一小片链襟，压在织带上。机器速度很快，一秒钟能够压 45 个齿。

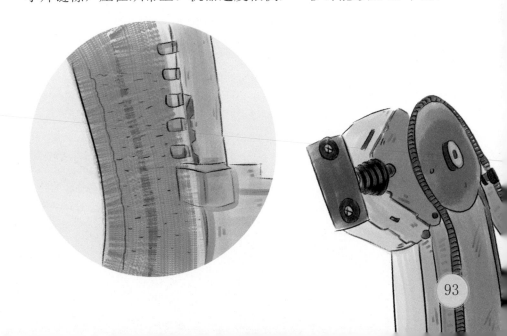

4. 整合

将装好金属齿的半成品放入整合机，使左右两边的链牙相互扣住。

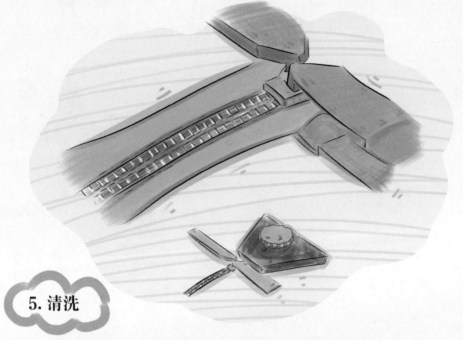

5. 清洗

将拉链放入清洗机中，清洗掉织布和金属齿表面的污渍。

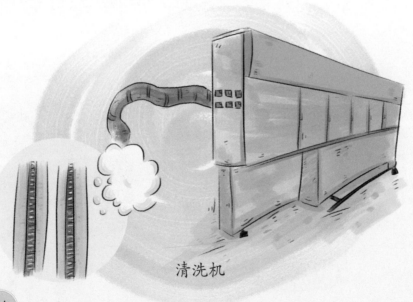

清洗机

6. 打蜡

在清洗干燥后的拉链表面涂上一层热蜡，使拉锁使用起来更加顺畅。

热蜡

7. 裁切

设定裁切机距离，每隔一段距离将拉链裁切，使连续的链带分割成小段拉链。

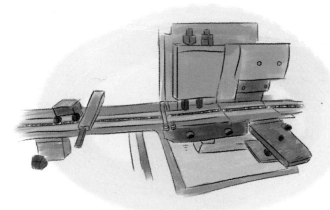

8. 安装链栓

在拉链的底部，安装一个金属小条，这个部件称为链栓。

9. 固定

用机器在拉链的顶端和末端分别加上一段透明的固定带，使链盒固定住。

10. 整理

拉起拉链前，将链针和链盒对齐。

11. 装拉头

用机器给每一条拉链安装上拉头。

Tips：有一个拉头的拉链叫单头拉链，有两个拉头的拉链叫双头拉链。

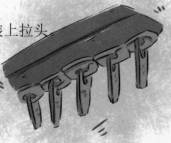

12. 切割

机器将拉头勾入链牙轨道，并按照预先设定的长度进行切割，这样一条条完整的拉链就完成了。

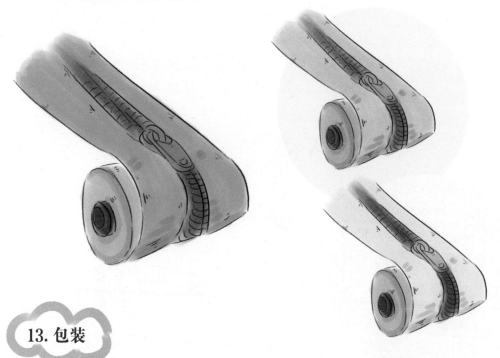

13. 包装

拉链是很多日常用品的重要配件，比如箱包、裤子、衣服等。制作完毕的拉链一般简单包装后直接供给相应的工厂。

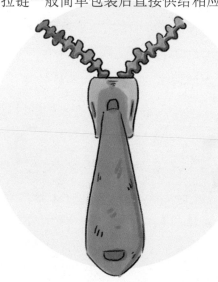

拉链又称拉锁，被誉为近代方便人们生活的十大发明之一。拉链是通过对连续排列的链牙的拉紧或松开，使物品并合或分离的连接件，现大量用于服装、箱包等日常用品。

拉链的历史

19 世纪末，一位叫贾德森的美国工程师发明了一种"滑动式锁紧装置"，并获得了专利，这就是拉链的雏形。但由于质量问题，一直没有得到广泛推广。

1914 年，瑞典人森贝克改善了这种锁紧装置。他将金属锁齿装在一个灵活的轴上，每个齿都是一个小型的钩，与另一条带子上的小齿匹配。后来，一位芝加哥市的机械工程师威特康·L·朱迪森使用滑动装置来嵌合和分开两排小齿，使拉链更好用。

第一次批量使用拉链的国家是美国。在第一次世界大战中，美军在军服中使用拉链替代原来的纽扣。

拉链的分类

根据材质，拉链可分为尼龙拉链、树脂拉链、金属拉链。

根据用途，拉链可分为闭尾拉链、开尾拉链（左右插）、双闭尾拉链（X或O）、双开尾拉链（左右插）、单边开尾拉链（左右插，限尼龙拉链和树脂拉链，常见为连帽款）。

根据大小，拉链可分为0#、2#、3#等，型号越大，拉链的齿越大。

根据拉链的结构，可分为闭口拉链、开口拉链、双开拉链。

根据拉链的功能，可分为自锁拉链、无锁拉链、半自动锁拉链。

根据拉齿的形状，可分为玉米牙、欧牙、Y牙、普通牙。

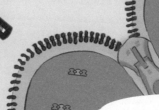

绚烂的花火——烟花爆竹的制作

快要到农历新年了，奇奇一家已经做好了去奶奶家过年的准备。奶奶为全家人准备了新年礼物，爸爸按照奶奶的要求购买了新年的食品。奇奇特别喜欢去农村的奶奶家，奶奶家住在山脚下的一个小村庄，那里的雪又厚又白，出门就是天然滑雪场。奇奇喜欢去奶奶家过年的另外一个重要原因，就是可以放烟花爆竹。他认为，饺子、烟花爆竹、红包是新年的三大象征。你喜欢放烟花爆竹吗？你知道烟花爆竹是如何制作出来的吗？一起看看吧！

传统的鞭炮制作分为：炮身制作、火药制作和引线制作。

炮身的制作

1. 裁纸

在作坊里，鞭炮炮身被称为"筒"，裁纸是按一定的规格裁好制筒用的爆竹纸。

2. 扯筒

将裁好的爆竹纸卷成一个空筒。扯筒的主要工具是扯凳，用坚木做成。

3. 褙筒

在空筒外表褙上一层彩纸，最初是为了防水，后来更多的是出于装饰作用，褙筒纸多用宝庆（邵阳）产的红纸，或者广红纸、蜡光纸。

4. 洗筒

将纸筒用麻绳扎成一个六边形的饼状，以便于计算筒的数目。

5. 腰筒

扎好的纸筒很长，需要裁短，用阔刀从饼的腰上裁断，把一筒横切成两筒。

6. 上筒

在切好的纸筒里装土、上硝。

7. 钻孔

用铁钎将每个筒子筑紧，再给每个筒子钻孔，以便放引线。

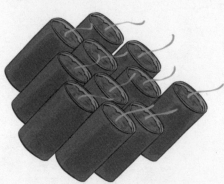

8. 扦引

将每个引孔扦入引线。

10. 结鞭

单个的小鞭儿制成后，要用棉线将它们结成一挂。因为形状像鞭子，"鞭炮"之称由此而来。

9. 扎引颈

引线扦入引孔后，将扦引一头的筒子扎紧，以防引线松动。

11. 封装

将结好的鞭炮封装好。

火药的制作

1. 造硝

传统的造硝方法是从泥土中提炼。工具也很简单，只需要一口大铁锅和一堆泥土。具体方法是将泥土放进铁锅后，不断加水熬煮。一两天后，铁锅边上就会出现一层白色的结晶，这就是硝。

2. 碾硝

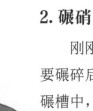

刚刚提炼出来的硝颗粒很大，需要碾碎后使用。最初，人们将硝放入碾槽中，使用沉重的碾轮压碎。后来人们使用舂米的工具把硝粒打碎，称为舂硝。

3. 磨硝

碾碎后的硝虽然颗粒变小了，但依然不能直接做火药，还需要用磨将硝粒磨成细粉。制作好的硝按一定比例配上硫黄、泥土，就制成了鞭炮使用的火药。

来看看 L 博士实验室的配方。这个实验，需要老师全程监督、指导哦！

硝酸钾 3 克

硫黄 2 克

炭粉 4～5 克

蔗糖 5 克

镁粉 l～2 克

点燃即爆炸！

以硫黄、硝酸钾和炭粉组成的黑色火药为基础，加入蔗糖和镁粉。蔗糖能够增加响度，而镁则是发光剂，可以在爆炸的时候产生烟花。用硬纸卷成筒壳，将原料填入到纸筒中并加入导火线。导火线是将纸线浸入到 30% 的硝酸钾溶液中，然后晾干制成的。将导火线拴在一起就是鞭炮，点燃导火线，会发出"噼里啪啦"的声音，并伴有一闪一闪的光亮。

噼里啪啦

噼里啪啦

引线的制作

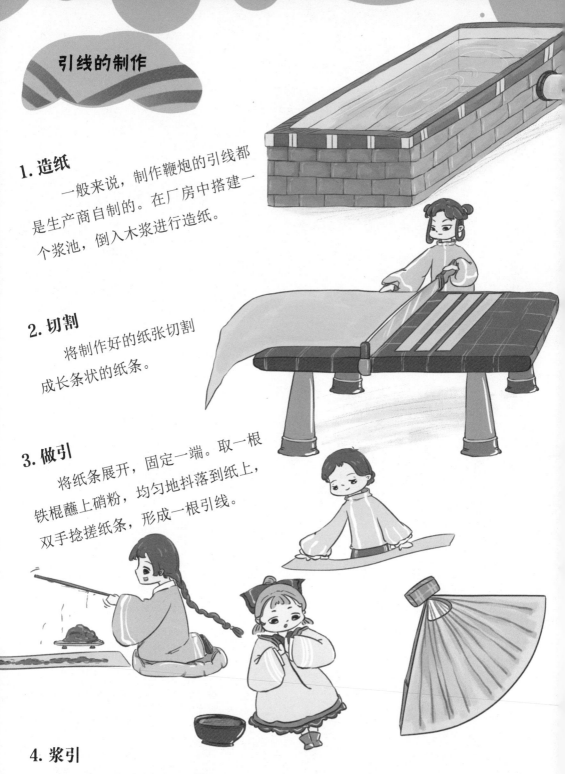

1. 造纸

一般来说，制作鞭炮的引线都是生产商自制的。在厂房中搭建一个浆池，倒入木浆进行造纸。

2. 切割

将制作好的纸张切割成长条状的纸条。

3. 做引

将纸条展开，固定一端。取一根铁棍蘸上硝粉，均匀地抖落到纸上，双手捻搓纸条，形成一根引线。

4. 浆引

工人将双手蘸上湿米浆捋顺引线，这样引线就不会散了。然后将引线一根根地放在像扇子一样的晾干器上晾干。

烟花爆竹是指以火药为主要原料制成的，引燃后能够产生光、声、色、形等效果的消费品。烟花爆竹也属于易燃易爆的危险品，对环境有一定的危害，主要表现为大气污染和噪声污染等。

烟花为什么会发出五颜六色的光？

五颜六色的烟花具有很强的观赏性。你知道为什么烟花能发出不同颜色的光芒吗？

原来，这与金属化合物有关。在燃烧时，不同的金属化合物会发出不同颜色的光芒。比如，含有钠的金属化合物在燃烧时会发出金黄色的光，含有钙的金属化合物在燃烧时会发出砖红色的光。在化学课上，老师常常会通过化合物的光芒来判断所含的金属元素，这称为焰色试验 (flame test)。

烟花中，各种化学元素的各种金属元素的焰色反应为：

钠 Na	锂 Li	铷 Rb	铯 Cs	钙 Ca	锶 Sr	铜 Cu	钡 Ba
黄	紫红	紫	紫	砖红	洋红	绿	黄绿

烟花应该如何保存呢?

购买烟花时,要详细阅读保质期、存放说明等内容。

1.一般来说,最好将烟花装到纸箱中,放置于干燥通风的阳台或仓库,远离热源、火源,注意防潮、防腐,尽量放在儿童够不到的地方。

2.放置烟花的室温不能超过45℃,否则容易引起爆炸。

3.移动烟花爆竹时要轻拿轻放,防止摩擦产生的火种引发爆炸。

4.家中不要过多存放烟花爆竹。

5.烟花爆竹点燃前,不要拆封,一定要保持包装完整。

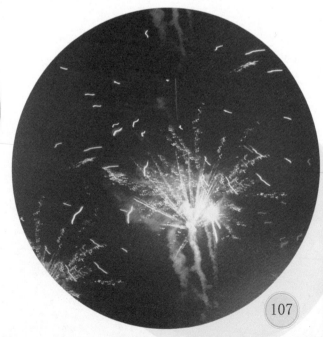

保护双脚——皮鞋的制作

周末，奇奇踢完足球回到家。刚打开门，便看到家里来了很多阿姨。奇奇听妈妈——介绍完，才赶紧跑到洗浴间洗澡。

原来，奇奇的妈妈是位收纳整理高手，阿姨们都是来参观学习的。打开鞋柜时，大家不由得发出一声惊叹。一双双鞋子按照厚度、颜色整齐地摆放着。爸爸的鞋子放在最上层，几乎都是黑色的皮鞋；妈妈的皮鞋放在中间三层，五颜六色的；奇奇的鞋子放在最下层，运动鞋很多，皮鞋仅有一双黑色的和一双白色的。

穿着舒适的皮鞋是怎么制作出来的呢？一起去看看吧！

原料：牛皮（或其他皮质）、胶皮鞋底等。

1. 量脚

量脚师对脚的各个部位进行精准测量，包括长度、宽度和高度等。

Tips ：通常，我们的脚会在下午时略微发胀。因此，根据这个时候脚的尺寸做出来的鞋更合脚。

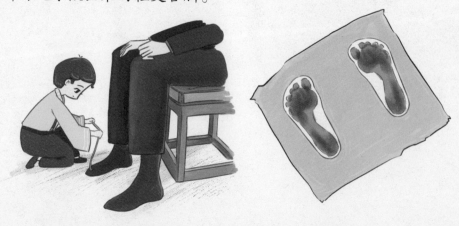

2. 制楦

工匠根据测量的尺寸，制作鞋楦。

3. 鞋款设计

设计师画出漂亮的鞋款图片，并交给制作工人。

4. 制革

皮革是制作皮鞋的重要原材料之一。制革包含一系列复杂的加工流程，每一道程序都有严格的工艺标准，只有这样才能做出理想的皮革材料。

5. 去脂

去脂的过程需要剔除皮中残留的油脂和毛发等，因此往往需要添加一些化学试剂。

6. 鞣制

这是皮革制作过程中的一道重要工序。简单来说，是使用鞣剂使生皮变成革的一系列物理和化学的操作过程。

7. 打磨

使用皮革打磨机磨去皮表面的斑痕，让皮面看起来没有瑕疵，摸起来更加顺滑。

8. 上色

在皮革的表面喷上涂料。随着科技的发展，批量生产的工厂会使用机器操作，而手工定制的鞋，还是会人工调色、涂料，这样做出来的鞋会与众不同。

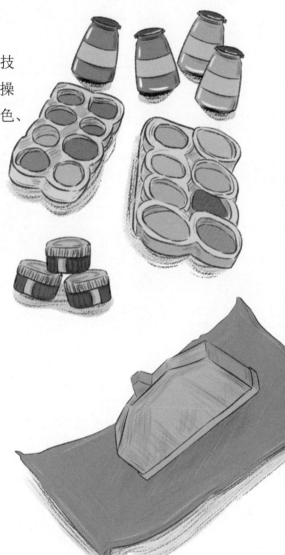

9. 压纹

在皮革的表面，压上漂亮的纹理或花纹。

10. 抛光

使用抛光机，将皮革的表面磨得锃亮。

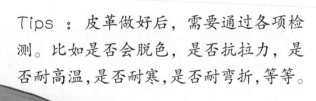

Tips：皮革做好后，需要通过各项检测。比如是否会脱色，是否抗拉力，是否耐高温，是否耐寒，是否耐弯折，等等。

11. 剪裁

根据设计图纸，剪裁制作皮鞋需要尺寸的皮革。同时，用冲子在皮革表面制作出漂亮的花纹。

12. 缝制

将剪裁好的鞋皮，一块一块地拼合起来，并用特殊的线缝合好。缝合的顺序是先鞋面，再鞋里。缝合鞋里要非常认真，否则制作出的鞋可能穿着不舒服。

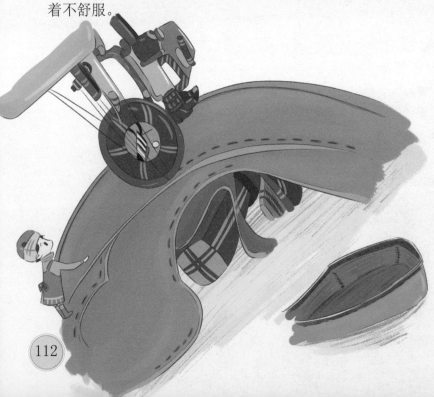

13. 定型

在鞋楦的下方加上鞋底，然后把鞋面紧紧贴着鞋楦，用胶粘好。

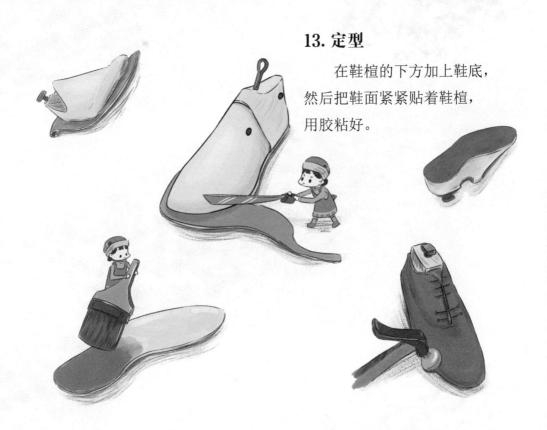

14. 鞋底填充

使用皮制的沿条覆盖在鞋底和鞋面的结合处，用针线将两部分缝合，使皮鞋既美观又耐穿。

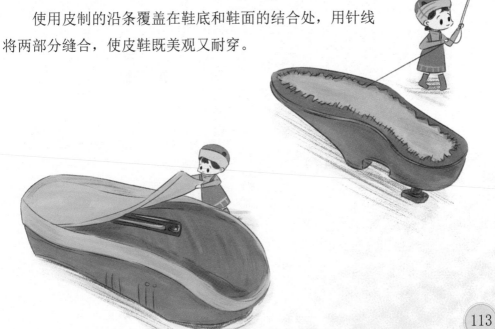

15. 制作鞋底

缝纫鞋底并钉上鞋跟。

Tips：不同鞋子的鞋底材料也不相同，一般来说，可分为橡胶底、牛筋底、千层底、复合底、真皮底等。

16. 检查

质检人员根据国家标准进行抽查，包括皮鞋的外观、耐磨性、耐折性等。符合国家质检标准的产品就可以包装出售啦！

你知道吗？

鞋有着悠久的发展历史。考古学家发现，早在 5000 多年前，人们就学会了用兽皮制作鞋。在我国新疆地区，他们还发现了最早的女士靴子。战国时期的孙膑，由于被庞涓敲碎了膝盖骨，不能行走，就把硬皮革裁成"底"和"帮"，发明了高皮绚，后来演变成我们今天穿的靴子。皮靴又称"马靴"或"高筒靴"，受北方游牧民族欢迎。

皮鞋是在宋代开始流行起来的。那时候，男性皮鞋一般是小头皮鞋，女性皮鞋一般是圆头、平头或翘头，鞋面上装饰着各式花鸟图纹。到了明清时期，鞋的制作方法与式样更加考究。清代的女鞋较有特点，鞋底是一寸至五寸的木质鞋底，上宽下圆，被称为"马蹄底"或"花盆底"。鞋面常以绸缎为面料，有些贵族妇女还在上面镶嵌各种珠宝。

在我国古代，将鞋称为"履"，还有不少与此相关的成语，如削足适履、郑人买履等。你还知道哪些与鞋相关的成语呢？

体温监测——体温计的制作

奇奇患了重感冒，发热、咳嗽、流鼻涕，十分难受。妈妈替他向老师请了假，带他去医院检查。医生先询问了奇奇的病情，如症状和患病时间等。末了，医生递给奇奇一个玻璃体温计，让奇奇夹在腋窝，测量体温。5分钟后，奇奇将体温计取下给医生。医生一看，体温计显示38.9℃，奇奇必须立刻服用退热药。你知道测量体温的玻璃温度计是怎么制作出来的吗？一起看看吧！

原料：玻璃、水银等。

1. 固定

机器将玻璃管上下两端固定住。

2. 加热

机器旋转玻璃管的同时，使用火焰加热玻璃管。

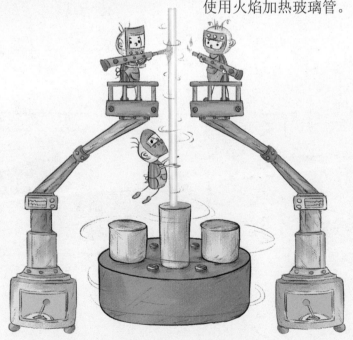

3. 充气

气泵从玻璃管下方向管中泵入空气。

4. 接泡

熔化的玻璃管处会产生气泡。工人在气泡处折断玻璃管，玻璃管的断裂处便形成漏斗形开口。

5. 拼接

将稍短的玻璃管固定在转盘上，另一根玻璃管的漏斗形开口插在上面，拼接好。

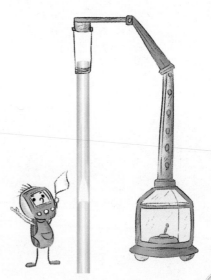

6. 拼接加热

在玻璃管的拼接处加热，使两端玻璃管熔接在一起。

Tips：漏斗形端口可以保证在加热时中空部分不被堵死。

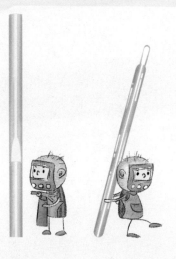

7. 底部加热

给下面玻璃管的底部加热，直至末端封闭并形成一个小包。

8. 整体加热

给玻璃管整体加热，使其管内产生真空压力。

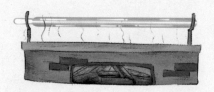

9. 测试

将玻璃管的开口端放在液体石蜡中，观察液体的爬升状况和玻璃管被石蜡填满的程度。达标的产品，将进入下一个生产流程。

10. 拉伸

将玻璃管再次加热并拉伸管体，使玻璃管中间形成细长的气泡。

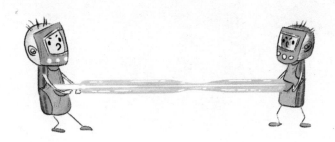

11. 二次折断

工人将根据成品尺寸要求在玻璃管的气泡处进行二次折断。

12. 插入金属丝

工人在玻璃管的开口处插入柔性金属丝，加热使金属丝与玻璃管密封连接。

13. 冷却

将玻璃管放在传送带上进行冷却。

14. 灌注

将玻璃管中的空气抽出，并灌注水银。

15. 浸泡

体温计浸泡在冷却的酒精中，使水银收缩到体温计的最底端。

16. 封头

将体温计的顶部加热，使其形成一个小泡，这就是体温计的温度膨胀室。

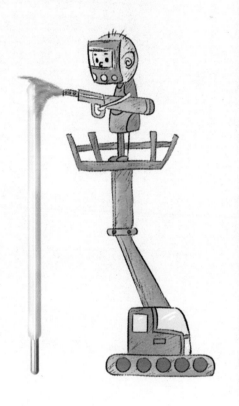

17. 定点

体温计分别插入到 35℃ 和 42℃ 的水中，做好标记。

18. 分类

将体温计上的两个标记与网格纸进行比较，将体温计进行分类，匹配合适的刻度表。

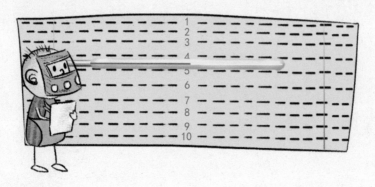

19. 渗透印色

在体温计的一侧刻印温度线。

20. 质检

质检员将根据国家标准对体温计的质量进行检验。合格产品，即可进入包装程序。

21. 包装

工人给体温计套上特定的塑料外壳，防止运输过程中被打碎，也便于消费者保存。

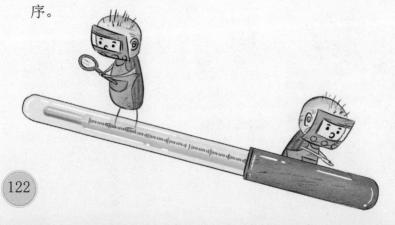

水银体温计一般由玻璃制成，因此又称玻璃体温计或三角形棒式体温计，是一种通过水银的移动，测量身体温度的医用仪器。水银体温计的玻璃短管，要经过多道工序才能制作而成。

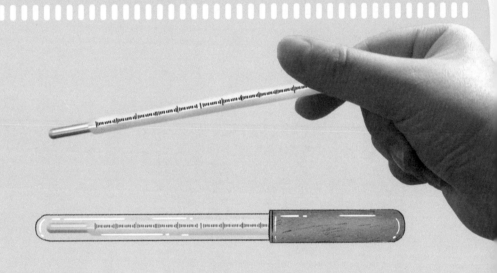

水银体温计的工作原理

水银储存在末端的水银球内。当水银接触到身体的温度时，它会沿着狭窄的玻璃管膨胀上升。量完体温后，需要甩动体温计，使水银回到水银球内。

体温计的发明历史

16 世纪时，伽利略发明了体温计。但这个体温计很大，携带不方便，测量体温的准确度也不高。

1714 年，物理学家华伦海特研制了在水的冰点和人的体温范围内设定刻度的水银体温计。但这时的体温计依然很大，许多医生都拒绝使用。

1867 年，奥尔伯特进一步改良了体温计，使它能够快速、准确地测量人的体温，并且只有 15 厘米长。从此以后，体温计成了每位医生的必备医疗器械。

体温计破碎了怎么办

体温计摔碎之后，水银蒸发形成汞蒸气，被人体吸入之后，会导致汞中毒。因此当水银温度计摔碎之后，要小心地将散落的水银收集起来，放入密闭的瓶子。无法完全收集起来的水银，可以撒一些硫黄粉。摔碎之后，要立即打开门窗充分通风，人和家中的小动物要离开水银蒸发的房间。

由于水银体温计中的汞是有毒元素，很多家庭开始选择电子体温计。电子体温计具有测试速度快、数字化读取、不易破碎、自动记录、便于携带等优点，越来越受欢迎。

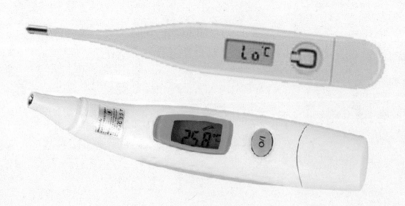

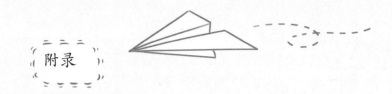

第9页：钨丝

钨丝是将钨条锻打、拉拔后制成的细丝，主要用于白炽灯、卤钨灯的制作。灯丝发光时的温度可达2000℃以上，普通的金属会被熔化，而钨的熔点达3400℃左右，并且十分稳定，因此灯泡里的灯丝多用钨丝。

第11页：抽真空

灯泡中的钨丝发光时，温度可达2000℃以上，虽然钨丝可以承受这样的高温，但却会引起燃烧。因此，在制作灯泡时，需要将灯泡中的空气抽走，制作成一个密封、无氧的空间来防止钨丝燃烧。由于这个空间中几乎没有任何气体，所以就不会燃烧。

第15页：菊酯类化学物质

菊酯是灭蚊产品的主要成分，是一类能够杀死蚊蝇的农药。菊酯类农药是广谱性杀虫剂，具有高效、低毒、低残留的特点。菊酯分为天然菊酯和化学合成菊酯。天然菊酯的主要成分为除虫菊素；化学合成的菊酯种类较多，有氯菊酯、胺菊酯、氯氰菊酯、溴氰菊酯、右旋反式烯丙菊酯等。

第22页：熔喷布

熔喷布是制作口罩的核心材料，它的主要原料是聚丙烯。熔喷布的纤维直径可以达到1～5微米，空隙多、结构蓬松、抗褶皱性能好，独特的毛细结构的超细纤维能够增加单位面积纤维的数量和表面积，从而使熔喷布具有很好的过滤性、屏蔽性、绝热性和吸油性。熔喷布广泛用于医疗、服装、工业、农业等领域，是较好的过滤材料和隔离材料。

第44页：无纺布

无纺布又叫作不织布，是由定向的或随机的纤维经机械、热粘或化学等方法加固而成的。因具有布的外观和部分性能而称其为布。无纺布与普通的布的最大区别在于，它不是由一根一根的纱线交织、编结在一起的，而是将纤维直接通过物理的方法黏合在一起的。所以，无纺布抽不出一根根的线头。无纺布突破了传统的纺织原理，具有工艺流程短、生产速度快、生产成本低、原料来源广等特点，广泛用于医疗、服装等行业。与纺织布相比，无纺布的缺点是强度和耐用性较差。

第79页：含氟化物牙膏

含氟化物牙膏是指含有氟化物的牙膏。据科学家研究发现，氟化物能有效预防龋齿。龋病是牙体硬组织脱矿与再矿化的动态平衡被打破而造成的。脱矿就是牙齿中的矿物质溶解并流失，再矿化就是溶解的矿物盐重新在牙齿上沉积。含氟牙膏防止龋齿的机理为：刷牙时，牙膏中的氟化物被释放出来，与牙齿中的钙磷等矿物盐形成含氟矿化系统，形成含氟矿物盐，增强牙齿的抗龋能力。同时，氟化物可以促进牙齿表面矿物质的沉积，使早期龋齿再矿化，及时修复牙釉质。因此使用含氟牙膏可以有效保持牙齿健康。氟化物具有一定的毒性，在牙膏的生产过程中国家具有明确的用量要求。我们在使用含氟牙膏时，不要吞咽牙膏。

第 116 页：水银

　　水银是化学元素汞的通俗叫法。汞是银白色的、密度较大的、室温下为液体的过渡金属，凝固点为 - 38.83℃，沸点为 356.73℃。汞是所有金属元素中液态温度范围最小的。汞在全世界的矿产中都有产出，主要来自朱砂。汞具有剧毒，无论是吸入还是食用都有可能引起中毒。汞可用于温度计、气压计、压力计、血压计等仪器的制作，但由于其毒性较大，在医疗上正被逐步淘汰。

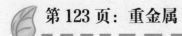

第123页：重金属

重金属是指密度大于 $4.5g/cm^3$ 的金属，工业上将铜、铅、锌、锡、镍、钴、锑、汞、镉和铋 10 种金属列为重金属。

重金属广泛存在于空气中，比如空气中的尘埃、汽车尾气等都存在重金属。水中也有重金属，会给我们的皮肤带来伤害。一些护肤品、润肤乳中，也存在重金属，如镉和铅等。泥土中也存在重金属。总之，日常生活中常常会接触到重金属。

重金属对人体的危害很大，它们难以被生物降解，相反却在食物链的生物放大作用下，千百倍地富集，最后进入人体。重金属在人体内与蛋白质和酶等发生作用，使它们失去活性，甚至造成慢性中毒。